ARBEITSBLATT ATV-DVWK-A 131
Bemessung von einstufigen Belebungsanlagen

ATV-DVWK-A 131
一段式活性污泥法
工艺设计规范

德国水资源、污水与固废管理协会 著

姚刚 庞洪涛 施汉昌 译

U0293847

清华大学出版社
北京

北京市版权局著作权合同登记号　图字：01-2021-4604

本书翻译自：This publication is a translation from：
德国水资源、污水与固废管理协会 Die Deutsche Vereinigung für Wasserwirtschaft，Abwasser und Abfall e. V.
ARBEITSBLATT ATV-DVWK-A 131 Bemessung von einstufigen Belebungsanlagen-2000
ISBN：978-3-933707-41-2
Copyright © 2000 by GFA-Gesellschaft zur Förderung der Abwassertechnik e. V

图书在版编目（CIP）数据

ATV-DVWK-A 131 一段式活性污泥法工艺设计规范/德国水资源、污水与固废管理协会著；姚刚，庞洪涛，施汉昌译.—北京：清华大学出版社，2021.10
　ISBN 978-7-302-59308-9

　Ⅰ．①A… 　Ⅱ．①德… ②姚… ③庞… ④施… 　Ⅲ．①活性污泥处理－工艺设计－设计规范－德国 　Ⅳ．①X703-65

中国版本图书馆 CIP 数据核字(2021)第 200878 号

责任编辑：柳　萍　赵从棉
封面设计：常雪影
责任校对：赵丽敏
责任印制：曹婉颖

出版发行：清华大学出版社
　　　　　网　　　址：http://www.tup.com.cn，http://www.wqbook.com
　　　　　地　　　址：北京清华大学学研大厦 A 座　　　邮　　编：100084
　　　　　社 总 机：010-62770175　　　邮　　购：010-62786544
　　　　　投稿与读者服务：010-62776969，c-service@tup.tsinghua.edu.cn
　　　　　质量反馈：010-62772015，zhiliang@tup.tsinghua.edu.cn
印 装 者：三河市国英印务有限公司
经　　销：全国新华书店
开　　本：165mm×240mm　　　印　张：3.75　　　字　　数：73 千字
版　　次：2021 年 11 月第 1 版　　　印　　次：2021 年 11 月第 1 次印刷
定　　价：38.00 元

产品编号：090014-01

编者

ATV-DVWK 专业委员会 KA 5"沉淀工艺组"参编人员：

Prof. Dr. -Ing. Günthert, München(主任)　　Dr. -Ing. Andrea Deininger, Weyarn

Dr. -Ing. Resch, Weissenburg　　Dr. -Ing. Schulz, Essen

Prof. Dr. -Ing. Billmeier, Köln　　Dr. -Ing. Grünebaum, Essen

Prof. Dr. -Ing. Rosenwinkel, Hannover　　Prof. Dr. -Ing. Seyfried, Hannover

Dipl. -Ing. Born, Kassel　　Dr. -Ing. Kalbskopf, Dinslaken

Dr. -Ing. Rölle, Stuttgart　　Dr. -Ing. Stein, Emsdetten

ATV-DVWK 专业委员会 KA 6"污水好氧生物处理工艺组"参编人员：

Prof. Dr. -Ing. Kayser, Braunschweig(主任)　　Dipl. -Ing. Peter-Fröhlich, Berlin

Dr. Lemke, Leverkusen　　Prof. Dr. -Ing. Gujer, Zürich

Dipl. -Ing. Beer, Cottbus　　Prof. Dr. -Ing. Rosenwinkel, Hannover

Dr. Hilde Lemmer, München　　Prof. Dr. rer. nat. Huber, München

Dr. -Ing. Bever, Oberhausen　　Dipl. -Ing. Schleypen, München

Prof. Dr. -Ing. Londong, Wuppertal　　Prof. Dr. -Ing. E. h. Imhoff, Essen

Prof. Dr. -Ing. Bode, Essen　　Dr. -Ing. Teichgräber, Essen

Prof. Dr. Matsché, Wien　　Prof. Dr. -Ing. Krauth, Stuttgart

Dr. -Ing. Boll, Hannover　　Dipl. -Ing. Ziess, Haan-Gruiten

译者

姚刚　庞洪涛　施汉昌　胡佩佩　干里里　周晓　卢先春

序言

在水资源保护和污水处理技术长达百年的发展过程中，德国积累了丰富的知识和经验，其中一部分被总结编制成技术规范（Regelwerk）。这里介绍的《ATV-DVWK-A 131 一段式活性污泥法工艺设计规范》（以下简称 A 131）就是其中之一。

德国水资源、污水与固废管理协会（Die Deutsche Vereinigung für Wasserwirtschaft，Abwasser und Abfall e. V.，简称 DWA）的前身德国污水技术协会（Die Abwassertechnische Vereinigung e. V.，简称 ATV）早在 1961 年就成立了"活性污泥法工艺"专业委员会，总结该工艺发展的技术经验，编制了一系列相关规范。1991 年该专业委员会根据德国新法规的排放要求，编制完成了 A 131 的第一版本。20 世纪 90 年代，德国城市污水处理厂提标改造和新建工作发展迅猛，"活性污泥工艺"一直是德国的主流工艺，在此期间积累的大量实践经验促进了 A 131 规范的修订工作，2000 年 5 月 A 131 第二版正式生效。2004 年 ATV 和 DVWK（德国水资源与农业协会）合并成为 DWA。2011 年 DWA 开始 A 131 的再次修订工作，于 2016 年 7 月完成第三版修订，更名为 DWA-A 131。

第三版与第二版的主要区别是：工艺设计的基本参数由 BOD_5 改为 COD。这种转换的原因在于，在实践中 COD 的测定比 BOD_5 更简单、快速、可靠和便宜。

由于目前中国设计规范仍然采用 BOD_5 作为工艺设计的基本参数，译者认为第二版对中国同行们更具参考意义，所以本次介绍的是第二版本。我们将关注中国有关设计规范的修订动向，一旦将来也采用 COD 作为工艺设计的基本参数，我们会及时翻译出版 A 131 第三版，供读者参考。

在出版工作中，德国教育研究部重点资助的联合研究平台——中德水环境与健康研究中心——提供了大力支持，"北京市通州区'运河计划'"领军人才项目给予了资助，胡佩佩等人参与了翻译工作，对此我们表示衷心感谢。

2021 年 3 月 30 日

读者建议

　　本规范是公益性的,是法规、科技和经济等方面合作的成果。因此,依照惯例,本规范实际上可认定为在内容和专业性上是正确的,并被普遍认可的。

　　本规范的使用向所有人开放。但出于法律或行政法规、合同或其他的法律因素,本规范在使用中有相应的责任和义务。

　　本规范对于正确解决专业技术问题,是一个重要但不唯一的信息来源。任何人在使用本规范时,都不能逃避对个人行为或对具体情况下不正确使用所应承担的责任;这尤其适用于正确处理本规范所述的边界。

前言

在编制本规范先前版本时(1988—1990),仅有少数几座脱氮除磷污水处理厂在运行。由于从这些厂的运行效果得到的设计、运营经验有限,在很多问题上只能借鉴于研究性成果。此后有大量的此类污水厂投入运营,为本规范的编制提供了更充分的实践资料和数据。

相比 1991 年 2 月的版本,本次做了以下重要改编:

- 原则上对活性污泥工艺不设置服务人口的限制(此前为 ≥5000 人口当量)。
- 删除了污染负荷基础资料调研相关章节;对于所有类型污水处理厂的污染负荷计算将专门编制单独的技术规范。
- 污水脱氮设计温度改为 $T = 12℃$(此前为 10℃),与《德国污水条例》(AbwV)附录 1 的要求相一致。前提是生物反应池的构造具有灵活可调性。
- 增加了污水生物除磷的设计。
- 修改了反硝化能力章节。
- 修改了需氧量的计算。
- 增加了选择池的设计。
- 增加了基于化学需氧量进行设计的选择。
- 提高了二次沉淀池的允许污泥容积负荷。
- 修改了二次沉淀池功能分区高度的命名,以及浓缩和排泥区的深度计算。
- 整合了二次沉淀池排泥设施的设计。

工艺技术的阐述可参见 ATV 手册《污水生物处理和深度处理》[1]和《污水机械处理》[2]。文中标注的数字编号对应章节标题。

目录

1 应用范围

1.1 概述

　　管网系统的雨水处理和污水处理厂的污水处理共同形成了对水体的保护。设计污水处理厂和雨水溢流设施时，二者的规划期应相匹配。规划期不超过25年。

1.2 目的

　　对于采用一段式活性污泥工艺的市政污水处理厂，采用本规范推荐的设计参数可使排放指标达到 1999 年 2 月 9 日颁布的《德国污水条例》(AbwV)附录 1 及相关检测规范的排放要求。在含有大量生物难降解的或不降解的有机质的工业污水进入管网的情况下，相比生活污水，出水中的 COD 可能偏高。在用水量低和外来水量少的地区，由于生物难降解和不降解 COD 的浓度升高，同样会出现出水 COD 偏高的情况。

　　本规范内容包括：除碳和脱氮除磷等特定工艺的选择，以及主要构筑物和设施的设计。本规范不包含曝气设施的选择和设计。

　　由于本规范同样用于德国以外的地区，并且根据水法，在部分地区可能有更严格的要求，因此本规范不限于遵守《德国污水条例》(AbwV)附录 1 规定的氮排放限值。

　　污水处理厂的设计要充分考虑水法的要求、建设和运营的要求、水体的敏感度，通过设置平行单元和备用设备等，保障较高的运行安全。

　　作为运行安全的前提条件，本规范要求污水处理厂在设计阶段，根据 ATV-M 271《市政污水处理厂运营人员素质要求》，设置足够多经过专业培训、具备相当资质的运营人员。

1.3 适用范围

　　本设计规范原则上适用于一段式活性污泥工艺的污水处理厂。由于小型污水处理厂的特殊性，应参考 ATV-A 122、ATV-A 126 和 DIN 4261。

本设计规范适用于生活污水为主的污水。若来自企业或农业的污水中所含污染物可通过生物法降解取得同等效果,则可同样适用。

2 缩写

英文缩写	单位	中 文 释 义
A_{ST}	m^2	二次沉淀池表面积
a	—	刮泥机的刮臂数
a_{SR}	m	链条式刮泥机刮板间距
$B_{d,BOD}$	kg/d	BOD_5 日负荷
$B_{d,xxx}$	kg/d	任一污染物日负荷
$B_{R,BOD}$	$kg/(m^3 \cdot d)$	BOD_5 单位容积负荷
$B_{R,XXX}$	$kg/(m^3 \cdot d)$	任一污染物单位容积负荷
$B_{ss,BOD}$	$kg/(kg \cdot d)$	BOD_5 污泥负荷
$B_{ss,xxx}$	$kg/(kg \cdot d)$	任一污染物的污泥负荷
b	d^{-1}	衰减系数
b_{ST}	m	矩形二次沉淀池宽
b_{SR}	m	矩形沉淀池中刮泥机长度
C_S	mg/L	氧饱和浓度,与维度和分压相关
C_X	mg/L	生化池中氧浓度
D_{ST}	m	二次沉淀池的直径
f_C	—	碳呼吸峰值系数
f_N	—	氨氧化峰值系数
f_{SR}	—	排泥系数,取决于刮泥机的类型
F_T	—	内源呼吸温度系数
h_1	m	二次沉淀池清水区高度
h_2	m	二次沉淀池分离区/回流区高度
h_3	m	二次沉淀池密流和储存区高度
h_4	m	二次沉淀池浓缩和排泥区高度
h_{In}	m	二次沉淀池进水区高度
h_{SR}	m	刮板高度
h_{tot}	m	二次沉淀池总高度
L_{FS}	m	刮泥机的刮臂长($L_{FS} \approx L_{ST}$)
L_{RW}	m	刮泥车行驶距离($L_{RW} \approx L_{ST}$)
L_{SR}	m	在开始污泥回流时刮泥板至排泥点的距离($L_{SR} \approx 15\,h_{SR}$)
L_{ST}	m	矩形二次沉淀池长
$M_{SS,AT}$	kg	生化池中固体总量

英文缩写	单位	中 文 释 义
OC	kg/h	$C_x=0$，$T=20℃$，$p=1013$ hPa 条件下，曝气系统的清水氧转移量
αOC	kg/h	$C_x=0$，$T=20℃$，$p=1013$ hPa 条件下，生物反应池污水中的氧转移量
$OU_{C,BOD}$	kg/kg	除碳耗氧量，基于 BOD_5
$OU_{d,C}$	kg/d	除碳日耗氧量
$OU_{d,D}$	kg/d	通过反硝化弥补的除碳耗氧量
$OU_{d,N}$	kg/d	硝化日耗氧量
OU_h	kg/h	每小时耗氧量
Q	m³/h	流量
$Q_{DW,d}$	m³/d	旱季污水日流量
$Q_{DW,h}$	m³/d	2 h 平均最大旱季污水量
$Q_{ww,h}$	m³/h	合流制或分流制系统雨季设计流量
Q_{RS}	m³/h	回流污泥量
Q_{IR}	m³/h	前置反硝化内循环量
Q_{RC}	m³/h	前置反硝化总回流量（$Q_{RS}+Q_{IR}$）
Q_{Short}	m³/h	二次沉淀池短流污泥流量
Q_{SR}	m³/h	排泥流量
$Q_{WS,d}$	m³/d	剩余污泥日排出量
q_A	m/h	二次沉淀池表面负荷
q_{SV}	L/(m²·h)	污泥容积负荷，基于 A_{ST}
RC	—	前置反硝化的回流比（RC=$Q_{RC}/Q_{DW,h}$）
RS	—	回流比（RS=$Q_{RS}/Q_{DW,h}$ 或 $Q_{RS}/Q_{ww,h}$）
SF	—	硝化安全系数
$SS_{C,BOD}$	kg/kg	基于 BOD_5 的除碳污泥产率
SS_{EAT}	kg/m³	生物反应池出水固体浓度
SS_{AT}	kg/m³	生物反应池内混合液悬浮固体浓度（MLSS）
$SS_{AT,step}$	kg/m³	多级串联反硝化的生化池平均污泥浓度（$SS_{AT,step}>SS_{EAT}$）
SS_{BS}	kg/m³	二次沉淀池底泥浓度
SS_{RS}	kg/m³	回流污泥浓度
SS_{WS}	kg/m³	剩余污泥浓度
SP_d	kg/d	剩余污泥日产量（固体量）
$SP_{d,C}$	kg/d	除碳产生的污泥日产量
$SP_{d,P}$	kg/d	除磷产生的污泥日产量
SV	L/m³	污泥容积比（SV=SS_{AT}·SVI）
SVI	L/kg	污泥指数
T	℃	生物反应池水温
T_{ER}	℃	监管温度，即在必须满足氮排放要求时的污水温度
T_{Dim}	℃	生物反应池设计温度

英文缩写	单位	中 文 释 义
T_W	℃	冬季污水水温，$T_W < T_{Dim}$
t_D	h,d	间歇反硝化工艺的反硝化时间
t_N	h,d	间歇反硝化工艺的硝化时间
t_R	h,d	停留时间（例如 $t_R = V_{AT} : Q_{DW,h}$）
t_s	h	刮板提升和下降耗时
t_{SR}	h,d	排泥间隔
t_{SS}	d	污泥龄，基于生物反应池容积 V_{AT}
$t_{SS,Dim}$	d	设计污泥龄
$t_{SS,aerob}$	d	好氧污泥龄，基于硝化区容积 V_N
$t_{SS,aerob,Dim}$	d	硝化设计好氧污泥龄
t_T	h	间歇反硝化周期（$t_T = t_D + t_N$）
t_{Th}	h	二次沉淀池污泥浓缩所需时间
V_{AT}	m³	生物反应池容积
V_{BioP}	m³	生物除磷的厌氧混合池容积
V_D	m³	生物反应池中用于反硝化的容积
V_N	m³	生物反应池中用于硝化的容积
V_{Sel}	m³	好氧选择池的容积
V_{ST}	m³	二次沉淀池容积
v_{ret}	m/h	刮泥机回车速度
v_{SR}	m/h	刮泥速度（圆形池时，为池边缘的线速度）
Y	mg/mg	产泥系数（产生的生物质（mg）/降解的COD（mg））
α	—	生化池污水与清水中的供氧量比值

污染参数与浓度

C_{xxx}	mg/L	均质样品中某参数 xxx 的浓度
S_{xxx}	mg/L	滤液样品中某参数 xxx 的浓度（0.45 μm 过滤膜）
X_{xxx}	mg/L	滤渣样品中某参数 xxx 的浓度，$X_{xxx} = C_{xxx} - S_{xxx}$

常用参数

C_{BOD}	mg/L	均质样品中 BOD_5 的浓度
S_{BOD}	mg/L	0.45 μm 孔径过滤样品滤液中 BOD_5 的浓度
C_{COD}	mg/L	均质样品中 COD 的浓度
S_{COD}	mg/L	0.45 μm 孔径过滤样品滤液中 COD 的浓度
$S_{COD,deg}$	mg/L	溶解性可降解 COD
$S_{COD,inert}$	mg/L	可溶惰性 COD
$S_{COD,Ext}$	mg/L	用于改善反硝化，外加碳源的溶解性 COD 浓度
C_N	mg/L	均质样品中总氮浓度，以 N 计

英文缩写	单位	中文释义
C_{TKN}	mg/L	均质样品中凯氏氮浓度（$C_{TKN}=C_{orgN}+S_{NH_4}$）
C_{orgN}	mg/L	均质样品中有机氮浓度（$C_{orgN}=C_{TKN}-S_{NH_4}$ 或 $C_{orgN}=C_N-S_{NH_4}-S_{NO_3}-S_{NO_2}$）
C_{anorgN}	mg/L	无机氮浓度，$C_{anorgN}=S_{NH_4}+S_{NO_3}+S_{NO_2}$
S_{NH_4}	mg/L	过滤样品中氨氮的浓度，以 N 计
S_{NO_3}	mg/L	过滤样品中硝酸盐浓度，以 N 计
S_{NO_2}	mg/L	过滤样品中亚硝酸盐浓度，以 N 计
$S_{NO_3,D}$	mg/L	待反硝化的硝酸盐浓度
$S_{NO_3,D,Ext}$	mg/L	外加碳源情况下待反硝化的硝酸盐浓度
$S_{NH_4,N}$	mg/L	待硝化的氨氮浓度
C_P	mg/L	均质样品中总磷浓度，以 P 计
S_{PO_4}	mg/L	溶解性磷酸盐浓度，以 P 计
S_{ALK}	mmol/L	碱度
$X_{COD,BM}$	mg/L	生物质中 COD
$X_{COD,deg}$	mg/L	固体中可降解 COD
$X_{COD,inert}$	mg/L	固体中惰性 COD
$X_{orgN,BM}$	mg/L	生物质中固定的有机氮
$X_{P,BM}$	mg/L	生物质中固定的磷
$X_{P,Prec}$	mg/L	同步沉淀去除的磷
$X_{P,BioP}$	mg/L	生物法去除的磷
X_{SS}	mg/L	经 $0.45\,\mu m$ 孔径滤膜过滤，滤液 105℃烘干后的固体
X_{orgSS}	mg/L	可过滤有机固体浓度
$X_{inorgSS}$	mg/L	可过滤无机固体浓度

取样位置或目的

I	污水厂进水水样，如 $C_{BOD,I}$、$X_{SS,I}$
IAT	生物反应池进水水样，如 $C_{COD,IAT}$
EAT	生物反应池出水水样，如 $S_{NO_3,EAT}$
EDT	反硝化池出水水样，如 $S_{NO_3,EDT}$
ENT	硝化池出水水样，如 $S_{NH_4,ENT}$
EST	二次沉淀池出水水样，如 $C_{BOD,EST}$、$X_{SS,EST}$
WS	剩余污泥样
RS	回流污泥样
ER	要求的出水指标标准值

* 译者说明：为了便于国内读者理解，根据国内惯用表达，本规范原文中所有德文缩写已用英文代替。

3 工艺介绍和设计流程

3.1 概述

    污水生物处理工艺由曝气生物反应池和二次沉淀池组成,通过回流污泥连接成一个工艺整体。

    表征活性污泥沉降性能的污泥指数 SVI 与混合液悬浮固体浓度(SSAT),影响了二次沉淀池和生物反应池的大小。污泥指数 SVI 受污水性质、生物反应池构型和出水目标影响。相比具有浓度梯度的推流式或多级串联生物反应池,完全混合式的生物反应池的污泥指数往往更高,更易助长丝状菌生长。尤其对于易生物降解有机质含量高的污水,可在前端增加选择池;前置厌氧生物除磷混合池也可同样达到减少丝状菌生长的目的,见图 3-1。但无论厌氧池还是选择池,都不是污水生物处理厂的必要组成部分。此外,也需要强调,不是所有的丝状菌生长都可以通过增设选择池来控制。

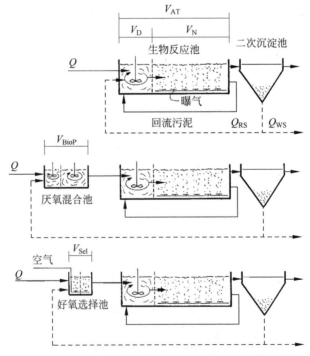

图 3-1 具有脱氮功能的活性污泥生物处理厂工艺流程图
（无/有前置生物除磷厌氧混合池或有好氧选择池）

前置反硝化工艺如图 3-1 所示,几乎所有其他的脱氮工艺,或仅进行除碳的生物反应池,都可以与好氧选择池或厌氧混合池相结合。好氧选择池的容积(V_{Sel})和生物除磷的厌氧混合池容积(V_{BioP})不应计入生物反应池容积(V_{AT})。而对于只进行除碳的污水处理厂,好氧选择池可被视为生物反应池的一部分。

污泥龄(t_{SS})表示污泥絮凝体在生物反应池内的平均停留时间,是生物反应池设计的重要参数。它可以定义为:生物反应池内的污泥悬浮固体总量($V_{AT} \times SS_{AT}$)与日平均剩余污泥悬浮固体量的比值。

当生物反应池含有反硝化缺氧区(V_D)时,好氧区的污泥龄($t_{SS,aerob}$)可定义为污泥在生物反应池好氧区($V_N = V_{AT} - V_D$)的悬浮固体量与日平均污泥产量的比值。

二次沉淀池出水中的剩余污染物大部分是溶解态和胶体态物质,少部分为悬浮的活性污泥,取决于二次沉淀池的沉降效率。二次沉淀池出水中每增加 1 mg/L 悬浮固体,相应出水中增加的污染物浓度如下:

C_{BOD}:0.3~1.0 mg/L;

C_{COD}:0.8~1.4 mg/L;

C_N:0.08~0.1 mg/L;

C_P:0.02~0.04 mg/L。

3.2 生物反应池

从工艺技术、运营和经济角度考虑,污水生物处理对生物反应池提出以下要求:

- 足够的生物质浓度,以活性污泥浓度表示(SS_{AT})。
- 充足的供氧量以保证氧气的消耗,并能进行调节,适应不同运营和负荷条件。
- 生物反应池内需具有充分混合条件,避免污泥在底部沉积;在曝气池中通常可增加搅拌设施作为补充;在池底曝气设施安装高度以上的区域,推荐池底流速的参考值为:轻质污泥 0.15 m/s,重污泥 0.3 m/s。在缺氧和厌氧池中,仅依靠搅拌设施保障充分混匀,依据池体大小和形状,设备功率取 1~5 W/m³。
- 避免臭气、雾滴、噪声和振动污染。

在满足上述条件的前提下,生物反应池有多种建设和运行方式都可以达到脱氮的目的,见图 3-2(参考 5.2.5 和 5.3.2),这些脱氮工艺分别有以下特征:

- 前置反硝化:污水、回流污泥和内循环在反硝化区完全混合。反硝化和硝化池可设置为多级串联。为了提高运行的灵活性,可以在反硝化池的后端设置曝气。内循环流量宜限制在必要的范围内,以减少溶解氧进入反硝化区,影响反硝化进程。

- 多级串联反硝化:两个或两个以上生物反应池串联,各池分别进行前置或同步反硝化。污水分配进入各池的反硝化区,通常可以不进行内循环。前一级硝化区的出水由于氧浓度较高,会影响下一级反硝化区的反硝化作用。该工艺在脱氮方面的作用与前置反硝化工艺相同。由于污水多点布水进入生物反应池,初级生物反应池中的污泥浓度要高于进入二次沉淀池的污泥浓度[1]。

- 同步反硝化:实际上只在循环流反应池中实现。同步反硝化工艺中,污水依次流经反硝化区和硝化区,可看作一种高内回流比的前置反硝化工艺。该工艺需依据硝酸盐含量、氨氮含量、氧化还原电位或者氧含量,调节曝气量。考虑回流对进水的稀释,循环流反应池可近似看作完全混合池。

- 交替反硝化:两个独立的间歇性曝气池交替使用,污水先进入未曝气的池体,然后流入另一个曝气池,再进入二次沉淀池。每个池子的配水时间,以及反硝化和硝化的周期,一般通过时间开关控制。硝化段出水中较高的氧浓度会影响反硝化段的反硝化作用。该工艺的流态介于完全混合和推流之间。

- 间歇反硝化:污水在同一个生物反应池交替完成反硝化和硝化过程。两个阶段的周期长短由时间开关控制,或根据硝酸盐、氨氮含量、氧化还原电位的转折点或耗氧量进行曝气系统的调控。硝化段末端水中氧浓度较高,会影响反硝化段的反硝化作用。间歇反硝化池的流态可视为完全混合。

- 后置反硝化:此工艺用于污水碳氮比极低的情况,必须额外添加碳源。对于该工艺,反硝化池置于硝化池之后,为保障效果可在后端再增加一个曝气池。

除上述工艺之外,还有一些局部涉及专利技术的特殊脱氮工艺,见文献[1]中 5.2.5。

序批式生物污水处理设施(SBR)也可进行污水脱氮,详见 ATV-M210 规范及文献[1]中 5.3.3。

实践证明,许多没有前置厌氧区或厌氧池的脱氮工艺也具有明显的生物除磷效果。

为强化生物除磷,活性污泥工艺常设有前置厌氧池,使进水和回流污泥在该池混合(因此称作厌氧混合池),如图 3-1 所示(参见文献[1]中 5.2.6 和 5.3.2)。通过将混合池分级(比如两级)串联,可以先在第一级池体中通过反硝化作用将回流污泥中的硝酸盐去除,以此在第二级池体中实现完全厌氧的环境,从而提高生物除磷的效果。相关特殊工艺参见文献[1]中 5.2.6。一般生物除磷的污

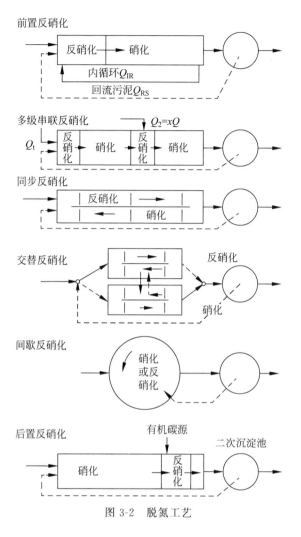

图 3-2　脱氮工艺

水处理设施大多也设置同步化学除磷,混凝剂的投加量应根据生物反应池出水中剩余的磷含量进行调控。

　　对于以除碳为目的的生物反应池,如果污泥龄 t_{SS} 大于 2～3 d 也可以实现生物除磷。

3.3　二次沉淀池

　　二次沉淀池的主要功能是将活性污泥从生物处理的污水中分离出来。

　　污水生物处理设施的负荷能力取决于生物反应池的容积和活性污泥浓度。活性污泥浓度主要取决于二次沉淀池在不同水力条件下的性能、污泥指数、刮泥系统、污泥回流比和排泥量。

二次沉淀池的设计、构造和设备配置必须满足以下条件：

- 通过沉淀作用，从净化后的污水中分离出活性污泥。
- 浓缩、收集沉淀的活性污泥，并回流到生物反应池。
- 当进水流量增大时，尤其在雨天，能暂时贮存从生物反应池大量涌入的活性污泥。

二次沉淀池中污泥沉降过程的影响因素有：进水区的污泥絮凝过程、池内的水力条件（包括进、出水口的结构、密度流）、污泥回流比和除泥方式。沉淀的污泥在二次沉淀池底部浓缩形成污泥层。污泥浓缩程度取决于污泥特性（SVI）、污泥层的厚度、浓缩时间和排泥方式。

雨天随着生物处理池流量的增加，进入二次沉淀池的污泥量会增多，因此二次沉淀池必须有足够的能力接纳从生物池排入的额外污泥。为此二次沉淀池需要有充足的储泥空间、高效的排泥系统和相匹配的污泥回流系统。

二次沉淀池在作用方式上分为平流式和竖流式。在结构形式上分为圆形池和矩形池。二次沉淀池底部沉淀和浓缩的污泥若不能自流进入污泥斗，则需通过板式或链条式刮泥机送入泥斗，或通过吸泥机直接排出。

3.4　设计流程

由于多个参数间的相互影响，生物处理设施的设计通过迭代计算的方式进行。图 3-3 展示了一个实际的计算方法，依据计算结果，可能要采用新的假设重复计算。

推荐的计算步骤如下。

（1）确定设计负荷，参考第 4 章。

（2）选择工艺：如果要求脱氮，必须确定采用的硝化/反硝化工艺。此外，还必须确定是否增加前置好氧选择池以改善污泥的沉降性能，或前置厌氧池以实现强化生物除磷。

（3）考虑设计服务人口和监测到的进水流量波动，确定必要的安全系数（SF）。如果污水处理厂只进行硝化，必须通过设计温度来确定污泥龄（$t_{ss,aerob,Dim}$）。如果采用污泥好氧稳定工艺，不必考虑这两个因素。

（4）对于脱氮的污水处理厂，须根据氮的质量平衡计算确定待反硝化的硝酸盐量。如果出水排放标准直接对污染物的浓度提出要求，而非氮的去除率，则进水浓度有至关重要的影响；如果要求出水的随机试样（比如《德国污水条例》中规定的有效随机试样）中的污染物浓度达标，则需要在设计中特别考虑。

（5）如果选择反硝化工艺，需要确定生物反应池中反硝化区的容积比例（V_D/V_{AT}），并计算相应的污泥龄。如果采用同步好氧污泥稳定工艺，污泥龄应根据设计温度确定。

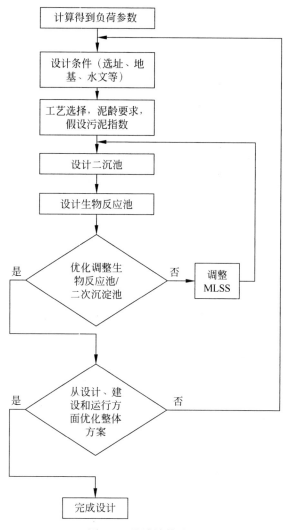

图 3-3　设计计算流程

（6）根据污水成分、生物反应池结构和混合特性，以及是否有前置好氧或厌氧混合池，来假设污泥指数 SVI。

（7）根据确定的工艺选择二次沉淀池中的污泥浓缩时间 t_{Th}，并以 SVI 和 t_{Th} 之间的函数关系计算二次沉淀池底部的污泥浓度 SS_{BS}。

（8）根据选定的刮泥系统，由池底可达到的污泥浓度和排泥过程对污泥的稀释作用，计算出回流污泥浓度 SS_{RS}。

（9）选择污泥回流比 RS，估算生物反应池中活性污泥的浓度 SS_{AT}。

活性污泥的浓度分别对生物反应池和二次沉淀池的容积大小产生相反的影响。需要注意的是，生物反应池容积随污泥浓度 SS_{AT} 的增大而减小；相反，二次沉淀池的表面积和深度应随污泥浓度 SS_{AT} 的增大而增加。

（10）根据允许的表面负荷 q_A 和污泥容积负荷率 q_{SV}，计算二次沉淀池的表面积 A_{ST}。

（11）根据各功能区的深度以及其他规定计算二次沉淀池的深度。

（12）确定二次沉淀池的尺寸后，根据刮泥机的吸泥能力验算选定的污泥浓缩时间。

（13）计算污泥产量（SP_d），如有，需考虑除磷以及反硝化外加碳源产生的污泥量。

（14）计算为达到设计污泥龄而需要的污泥悬浮固体总量（$M_{SS,AT}$）。

（15）计算生物反应池的容积。

（16）如有，计算生物除磷的厌氧混合池的容积。

（17）计算前置反硝化所需要的内循环流量，或间歇反硝化工艺的各阶段周期。

（18）计算需氧量，设计曝气系统。

（19）根据氨化、硝化、反硝化、化学除磷，以及氧的利用率和曝气深度等因素对污水中碱度的影响，计算剩余碱度和碱的投加量。

（20）如有，可以设计好氧选择池，以改善活性污泥的沉降性能。

设计参数可以根据科学模型和经验假设，或者部分根据现场试验得出。

4 设计基础

4.1 污水负荷

依据《德国污水条例》中附录1，进水 BOD_5 负荷（kg/d）是污水处理厂重要的设计参数，也是污水处理厂规模分级的依据。污水处理厂的设计处理能力是污水处理厂85%保证率旱季进水流量下对应的 BOD_5 负荷，再加上设计余量。如果基于服务人口进行计算，可参考表 4-1 对原污水中单位人口的 BOD_5 负荷进行取值。

表 4-1　初沉后单位人口污染负荷值（85%保证率，不考虑污泥处理过程回流的污水）

参数	单位	原污水	旱季流量 $Q_{DW,h}$ 下初沉池的停留时间	
			0.5～1.0 h	1.5～2.0 h
BOD_5	g/（人·d）	60	45	40
COD	g/（人·d）	120	90	80

参数	单位	原污水	旱季流量 $Q_{DW,h}$ 下初沉池的停留时间	
			0.5~1.0 h	1.5~2.0 h
SS	g/(人·d)	70	35	25
TKN	g/(人·d)	11	10	10
P	g/(人·d)	1.8	1.6	1.6

原则上污水管网系统和污水处理厂应在相同的进出水流量条件下运行。

设计所需生物反应池进水(如有,应包含污泥处理过程的回流水量,见 4.2)的重要参数如下:

- 设计最高和最低水温。参考 2~3 年内的 2 周平均温度曲线。
- 设计有机负荷 $B_{d,BOD}$ 和 $B_{d,COD}$、相应的 SS 负荷($B_{d,SS}$)和磷负荷($B_{d,P}$),以计算污泥产量和设计温度下的生物反应池体积。
- 设计有机负荷和氮负荷,通常按最高设计温度条件设计曝气设施。
- 设计氮浓度(C_N)和相应的有机物浓度 C_{BOD}、C_{COD},用以计算需要反硝化的硝酸盐量。
- 设计磷浓度 C_P,用以计算所需的除磷量。
- 最大旱季污水量 $Q_{DW,h}$(m³/h),用以设计厌氧混合池和内循环流量。
- 设计流量 $Q_{ww,h}$(m³/h),用以计算二次沉淀池。

污水日负荷可基于进水体积采样或 24 h 流量比例混合样计算得到。设计污水负荷的计算应以任意时间段测定的数据为基础,也就是说要包含雨天的进水情况。

如果已有有机负荷和/或有机负荷与氮负荷比值关系的年变化曲线资料,需要对多种污染负荷的情况进行研究。

设计浓度通过设计污染负荷和相应的进水流量计算。设计负荷要相应地考虑一段时间内的平均水温和污泥龄。对于硝化和反硝化工艺,可以简单采用 2 周平均值,污泥稳定工艺采用 4 周平均值。如果污水采样密度不足(应至少每周 4 组有效的日负荷值),可采用 85% 保证率值作为设计负荷,但至少应有 40 个监测数据。

如果基础数据不足,或相比其效益调研的费用过高(比如小型污水厂),可以根据服务人口数量、工业企业及其他负荷的人口当量值,求算污染负荷和浓度。

相应的污染负荷和浓度的详细计算参照 ATV 规范《污水厂设计基础资料调研》[3]。

依据服务人口估算设计负荷时,可参考表 4-1 取值。设计负荷和浓度的计算应根据工作手册[3]进行。

因为不能确定调研周期是否包含了关键时期,通常 2～4 周的针对性水质调研和污染负荷监测值不能直接作为设计依据,但可以作为现有数据的补充。当进行水质调研时,应确保采样间隔对应的流量,这样 TKN 的变化曲线可用于计算 f_N 值(见 5.2.8)。可以借此确定进水悬浮固体浓度($X_{SS,AT}$)或碱度($S_{ALK,IAT}$)等少数分析参数。针对性调研需要同时考虑回流的污染负荷(如污泥处理的回水)。

4.2 污泥处理液和外来污泥的污染负荷

厌氧消化污泥浓缩和脱水过程产生的污泥液中含有高浓度的氨,可以认为厌氧消化污泥中 50% 的有机氮以氨氮的形式释放出来。如果污泥液的产生时间仅为每天几小时或每周几天,那么需要设置中间贮存和加药池。

厌氧消化污泥的污泥液中磷和有机物(BOD_5 和 COD)的回流负荷一般很低,因此考虑回流负荷时,不能对各种污染物都一概增加同样的比例。

好氧稳定污泥的储泥池中通常会或多或少发生厌氧过程,并释放出氨。如果主要通过生物方法除磷,储泥池中的磷可能重新释放。为了减少对生物处理的不利影响,应该做到:

- 污泥液(上清液)定期、少量排放;
- 如果贮存的污泥进行脱水,产生的滤液应暂存于类似储泥池大小的专门存储设施内,并在一个较长时段内回流到污水厂进水端。

协同处理外来污泥(其他污水厂污泥、粪便等)时,需要为此设置中间贮存池,以控制投加量。

5 生物反应池设计

5.1 根据试验结果设计

通过中试试验和在已投运的污水处理厂进行试验,可在与实际条件相近的条件下对工艺方案和模型参数进行验证。

试验规模至少为半生产性,试验期不短于半年,且应包括寒冷季节,运行条件应接近实际情况。试验前可以先对不利情况进行动态模拟,从而得到对试验计划有价值的信息。

通过这样的试验,设计结果一般会更切合实际,而且通常可以节约投资。

同时试验还为动态模拟所没有涉及的运行状态提供了更好的设计基础。

3.4节提到的部分设计参数,可通过试验确定:

- 污泥产量和必要的污泥龄。
- 各功能区(厌、缺、好氧)针对不同的季节和负荷关系的划分。
- 耗氧量和对供氧调控的要求;为此需定期测定耗氧量。
- 剩余溶解性 COD(S_{COD})。

5.2 根据经验设计

5.2.1 污泥龄要求

表 5-1 根据处理目标、设计温度和污水处理厂规模确定的设计污泥龄

（中间值需进行估算） 单位:d

处理目标	污水处理规模,以进水负荷 $B_{d,BOD,I}$ 计			
	≤1200 kg/d		>6000 kg/d	
设计温度	10℃	12℃	10℃	12℃
无硝化	5		4	
硝化	10	8.2	8	6.6
脱氮:				
$V_D/V_{AT}=0.2$	12.5	10.3	10.0	8.3
$V_D/V_{AT}=0.3$	14.3	11.7	11.4	9.4
$V_D/V_{AT}=0.4$	16.7	13.7	13.3	11.0
$V_D/V_{AT}=0.5$	20.0	16.4	16.0	13.2
污泥同步稳定(含脱氮)	25		不建议	

5.2.1.1 无硝化的污水处理设施

无硝化的活性污泥工艺污水处理设施设计污泥龄应为 4～5d,见表 5-1。

5.2.1.2 硝化的污水处理设施

为保证硝化反应进行,需要的设计污泥龄(好氧)计算公式为

$$t_{SS,aerob,Dim} = SF \times 3.4 \times 1.103^{(15-T)} \quad [d] \tag{5-1}$$

其中数值 3.4 是亚硝化菌在 15℃时的最大(净)增长速率的倒数(2.13 d)与系数 1.6 的乘积。该系数是为了确保在供氧充足并且没有其他负面因素的情况下,有足够的硝化菌在活性污泥中增长和积累(见文献[1]中 5.2.4)。当污泥龄为 2.13 d(15℃)时,硝化菌不能在活性污泥中累积。

安全系数(SF)的设置考虑下列因素:

- 某些污水组分、短期温度变化或/和 pH 变动对最大增长速率的影响。
- 出水中的平均氨氮浓度。
- 进水氮负荷的波动对出水浓度的影响。

根据现有经验,对于进水 BOD_5 负荷小于 1200 kg/d(服务人口 2 万人)的市政污水处理厂,由于进水负荷波动特别大,建议取 SF=1.8;对于 BOD_5 负荷为 6000 kg/d(10 万人)以上的污水厂,SF=1.45。这样只要不出现其他对硝化菌最大生长速率的不利影响因素,可使出水平均氨氮浓度($S_{NH_4,E}$)保持在 1 mg/L 以下。

对于进水 BOD_5 负荷小于 6000 kg/d 的污水处理厂,当检测的 f_N 值小于 1.8 时(见 5.2.8),SF 取值可减小到 1.45。

即使在设置了调节池的情况下,SF 值也不宜小于 1.45。

如果冬季生物反应池的出水温度低于官方规定的监管温度 T_{ER}(当水温大于等于该温度时,应满足官方要求的氨氮排放值),那么为了在监管温度 T_{ER} 下实现稳定的硝化,依据式(5-1)取设计温度 $T_{Dim}=T_{ER}-2$。根据污水处理厂规模,并考虑上述安全系数 SF,在监管温度 $T_{ER}=12℃$ 时建议设计污泥龄取值如下。

污水处理厂规模 $B_{d,BOD,I} \leqslant 1200$ kg/d

$$t_{SS,aerob,Dim}=10 \text{ d}$$

污水处理厂规模 $B_{d,BOD,I} > 6000$ kg/d

$$t_{SS,aerob,Dim}=8 \text{ d}$$

以上数据已列于表 5-1。其他中间值可以用内插法估算。

如果污水水温总是高于监管温度,则取 2 周平均温度的最低值作为设计温度。

为了限制硝化反应对碱度的大量消耗(见 5.2.9),从运营角度考虑,建议设计部分反硝化(见 5.2.1.3)。

5.2.1.3 硝化和反硝化的污水处理设施

污水脱氮的前提是可靠的硝化作用,见 5.2.1.2。

硝化和反硝化的设计污泥龄计算公式如下:

$$t_{SS,Dim}=t_{SS,aerob} \cdot \frac{1}{1-(V_D/V_{AT})} \quad [\text{d}] \tag{5-2}$$

由式(5-1)可得

$$t_{SS,Dim}=SF \times 3.4 \times 1.103^{(15-T)} \times \frac{1}{1-(V_D/V_{AT})} \quad [\text{d}] \tag{5-3}$$

V_D/V_{AT} 值的计算见 5.2.2。

式(5-3)中,设计温度采用脱氮反应要求的监管温度(即 $T_{Dim}=T_{ER}$);根据《德国污水条例》(AbwV),设计温度 $T_{Dim}=T_{ER}=12℃$。

如果冬季的水温通常低于 12℃,要求验证在 2 周平均温度的最低点,硝化反应也不会中断。为此要在保证设计污泥龄的前提下,按照式(5-4)计算较低水温(T_W)时的V_D/V_{AT}。

如果水温没有有效的检测数据,应以监管温度T_{ER}减少$2\sim4℃$代替式(5-4)中的T_W。(当预计2周平均温度曲线不会降低至10℃以下时,取$T_{ER}-2℃$;极端条件下水温降低非常剧烈时,取$T_{ER}-4℃$)。

如果当水温较低时,有机负荷不同于设计负荷($B_{d,BOD,I}$),那么式(5-4)中不采用设计污泥龄,应采用实际的污泥龄。

$$\frac{V_D}{V_{AT}} = 1 - \frac{SF \times 3.4 \times 1.103^{(15-T_W)}}{t_{SS,Dim}} \quad [-] \tag{5-4}$$

这一验证是以生物反应池灵活的构造为前提,为了扩大硝化区,反硝化区应减小。对于前置反硝化工艺,如果内循环系统的设置允许,可以将现有的前置厌氧混合池用作反硝化区。

如果式(5-4)计算出的V_D/V_{AT}值为负数,那么将记作$V_D/V_{AT}=0$,并以式(5-4)反算安全系数 SF;SF 可以减少至1.2;否则应增大池体容积。

如果要求的设计温度低于12℃,需要按要求进行相应设计。对于设计温度为8℃或更低的情况,暂无设计经验可以参照。

在任何情况下应检查水中碱度是否足够,参见5.2.9。

如果出水要求氨氮的监测值$S_{NH_4,ER}$小于10 mg/L,或者即使在旱季以随机试样或2 h混合样进行水质监测时进水负荷波动很大,那么应提高安全系数 SF 或以相应的进水负荷变化曲线为基础进行动态模拟校核。

5.2.1.4 具有好氧污泥稳定功能的污水处理设施

对于采用污泥好氧稳定和硝化工艺的污水处理厂,应满足设计污泥龄$t_{SS,Dim} \geqslant 20$ d。

如果同时要求进行反硝化,污泥龄应$\geqslant 25$ d。当生物反应池的2周平均水温经常保持在12℃以上,可采用式(5-5)计算污泥龄:

$$t_{SS,Dim} \geqslant 25 \times 1.072^{(12-T)} \quad [d] \tag{5-5}$$

如果夏季的有机负荷高于冬季,应借助式(5-5)分别计算两种情况下所需的活性污泥量(见5.2.6)。计算得到的较高值作为生物反应池容积计算的关键参数。

如果有污泥塘或其他池体可存储一年以上的湿污泥,并进行厌氧后稳定,即使在要求反硝化的条件下,设计污泥龄也可减少到20 d。

待反硝化硝酸盐浓度的计算,以及反硝化区体积比V_D/V_{AT}的计算参照5.2.2。V_D/V_{AT}不对污泥龄产生影响,而只用于计算供氧量,比如当采用间歇反硝化工艺时。

5.2.2 反硝化体积比计算(V_D/V_{AT})

待反硝化硝酸盐的日平均浓度采用式(5-6)计算:

$$S_{NO_3,D} = C_{N,IAT} - S_{orgN,EST} - S_{NH_4,EST} - S_{NO_3,EST} - X_{orgN,BM} \quad [mg/L]$$

$$(5-6)$$

水温 $T=12℃$ 时的进水氮浓度 $C_{N,IAT}$ 作为关键设计参数。如果进水碳氮比($C_{N,IAT}:C_{COD,IAT}$)在一年中随着水温的升高而增大,那么应考察多种负荷情况。

进水中的硝酸盐浓度 $S_{NO_3,IAT}$ 一般很小,可以忽略不计。当外来水量较大(含高浓度硝酸盐的地下水),或当进水包含某些特定的工业企业污水时,可能要考虑进水中的硝酸盐浓度。

对于进行污泥厌氧消化和机械脱水的污水处理厂,如果没有专门的污泥液处理设施,设计进水浓度中应包含这部分回流污泥液中的氮(见 4.2)。出水中有机氮的浓度可以取 2 mg/L。当处理某些工业污水时,出水有机氮浓度可能会更高。通常为了安全起见,设计出水氨氮浓度假设为零。结合到污泥生物质中的氮可简化计算为:

$$X_{orgN,BM} = (0.04 \sim 0.05) \times C_{BOD,IAT} \quad 或 \quad (0.02 \sim 0.025) \times C_{COD,IAT}$$

出水硝酸盐浓度应采用日平均值。如果水质监测以随机试样的方式进行(如德国),那么随机试样的浓度应明显低于相应监测指标的规定值,一般取 $S_{NO_3,EST} = (0.8 \sim 0.6) \times S_{inorgN,ER}$。进水污染负荷波动越大,应取系数越小。

通过生物反应池(或厌氧混合池)进水 BOD_5 浓度,可以得出 $S_{NO_3,D}/C_{BOD,IAT}$ 的比例关系,这一数值表征所需的反硝化能力。

对于同步反硝化和间歇反硝化,可以用式(5-7)计算 V_D/V_{AT},见文献[1]中 5.2.5.3。

$$\frac{S_{NO_3,D}}{C_{BOD,IAT}} = \frac{0.75 OU_{C,BOD}}{2.9} \cdot \frac{V_D}{V_{AT}} \quad [mgN/mg\ BOD_5] \quad (5-7)$$

其中设计污泥龄和设计温度下的耗氧量 $OU_{C,BOD}$ 可以按式(5-24)计算,或查表 5-6。当温度在 $10 \sim 12℃$ 时,式(5-7)的计算值列于表 5-2。

表 5-2 $10 \sim 12℃$ 旱流水量下反硝化设计参考值(待反硝化的硝酸盐(kg)/进水中的 $BOD_5/(kg)$)

V_D/V_{AT}	$S_{NO_3,D}/C_{BOD,IAT}$	
	前置反硝化及类似工艺	同步反硝化和间歇反硝化工艺
0.2	0.11	0.06
0.3	0.13	0.09
0.4	0.14	0.12
0.5	0.15	0.15

对于前置反硝化及其他类似工艺，反硝化过程损失的易降解有机物较少，可采取表 5-2 的数值，比较接近于理论推导值，参照文献[1]中图 5-2 和图 5-3。作为前提条件，反硝化区的进水氧含量应小于 2 mg/L。

设计温度在 10～12℃时，建议取表 5-2 的数值计算反硝化能力。设计中不建议取反硝化区体积占比（V_D/V_{AT}）小于 0.2 或大于 0.5。

当采用交替反硝化工艺时，可假设其反硝化能力介于前置反硝化和间歇反硝化工艺之间。

当水温大于 12℃时，温度每升高 1℃，其反硝化能力可以提高约 1%。

基于 COD 进行设计或校核时，可取 $S_{NO_3,D}/C_{COB,IAT} = 0.5 \times S_{NO_3,D}/C_{BOD,IAT}$ 进行计算。

进行校核时，对于 $V_D/V_{AT} = 0.1$ 的前置反硝化工艺，可取 $S_{NO_3,D}/C_{BOD,IAT} = 0.08$。对于相应的同步反硝化和间歇反硝化工艺，取 $S_{NO_3,D}/C_{BOD,IAT} = 0.03$。如果校核计算结果 $V_D/V_{AT} < 0.1$，取 $S_{NO_3,D}/C_{BOD,IAT} = 0$。

如果要求的反硝化能力 $S_{NO_3,D}/C_{BOD}$ 大于 0.15，不建议进一步增大反硝化区容积 V_D/V_{AT}，应进一步研究减小初沉池、短时超越初沉池（不进行初沉），或设计单独的污泥液处理等措施的可行性。此外，可计划投加外来碳源。应在取得可靠的运行经验之后，再开展相应设施的建设。

外加碳源时，每千克待反硝化硝酸盐氮需投加约 5 kg COD，可适度增加 COD。

$$S_{COD,Ext} = 5 \times S_{NO_3,D,Ext} \tag{5-8}$$

表 5-3 给出了常用的碳源。其他碳源的 COD 和反硝化能力需要提前确定。应指出，甲醇只适用于长期使用，因为需要培养专门的反硝化菌。

表 5-3　外加碳源的性质

参　数	甲醇	乙醇	乙酸
密度/（kg/m³）	790	780	1060
单位质量 COD/（kg/kg）	1.50	2.09	1.07
单位体积 COD/（g/L）	1185	1630	1135

5.2.3　除磷

污水除磷可通过同步沉淀、生物除磷的方式进行。一般同步除磷与前置或后置除磷结合进行。（见文献[1]中 5.2.6 和 7.4）

基于最大旱流水量和回流污泥量（$Q_{DW,h} + Q_{RS}$），设计用于生物除磷的厌氧混合池，最短接触时间可取 0.5～0.75 h。除了接触时间，除磷的程度主要取决于易降解有机物与磷含量的比例关系。当冬季厌氧池用作反硝化区时，生物除磷的效果可能较小。

为了计算需沉淀去除的磷酸盐,需要计算各种不同负荷情况下磷的质量平衡。

$$X_{P,Prec} = C_{P,IAT} - C_{P,EST} - X_{P,BM} - X_{P,BioP} \quad [mg/L] \quad (5-9)$$

式中,$C_{P,IAT}$ 是指生物反应池进水中总磷浓度。出水磷浓度 $C_{P,EST}$ 根据出水排放标准的要求确定,如 $0.6 \sim 0.7 C_{P,ER}$。异养微生物细胞增长消耗的磷 $X_{P,BM}$ 可采用 $0.01 C_{BOD,IAT}$ 或 $0.005 C_{COD,IAT}$。对于一般的市政污水,可以假设生物除磷量 $X_{P,BioP}$ 如下:

- 采用前置厌氧池,$X_{P,BioP} = (0.01 \sim 0.015) C_{BOD,IAT}$ 或 $(0.005 \sim 0.007) C_{COD,IAT}$。

- 采用前置厌氧池,低温条件下出水硝酸盐浓度 $S_{NO_3,E} \geqslant 15$ mg/L 时,可以假设 $X_{P,BioP} = (0.005 \sim 0.01) C_{BOD,IAT}$ 或 $(0.0025 \sim 0.005) C_{COD,IAT}$。

- 前置反硝化或多级串联反硝化,但无厌氧池,可以假设 $X_{P,BioP} \leqslant 0.005 C_{BOD,IAT}$ 或 $0.002 C_{COD,IAT}$。

- 在低温条件下,前置反硝化工艺中内循环回流至厌氧池,可采用 $X_{P,BioP} \leqslant 0.005 C_{BOD,IAT}$ 或 $0.002 C_{COD,IAT}$。

化学除磷药剂平均投加量可按 1 mol $X_{P,Prec}$ 加 1.5 mol Me^{3+} 计算。换算后可得:

加铁盐除磷:2.7 kg Fe/kg P_{Prec};

加铝盐除磷:1.3 kg Al/kg P_{Prec}。

采用石灰乳同步混凝沉淀除磷时,投加点一般设在二次沉淀池进水处,以提高混凝沉淀时的 pH 值。石灰的投加量要优先考虑碱度。在任何情况下建议提前试验,参考 ATV-A 202。

针对磷排放监测值 $C_{P,ER} < 1.0$ mg/L 的情况,比如有效随机试样浓度 $C_{P,ER} = 0.8$ mg/L,不应设计为一段式活性污泥工艺。然而在实践中,在有利条件下二次沉淀池出水磷浓度 $C_{P,AN}$ 依然可达到 1.0 mg/L 以下。

5.2.4 污泥产量的计算

生物反应池内产生的污泥量由有机物降解、固体颗粒物沉淀以及除磷产生的污泥组成。

$$SP_d = SP_{d,C} + SP_{d,P} \quad [kg/d] \quad (5-10)$$

污泥产量与污泥龄的关系参照式(5-11):

$$t_{SS} = \frac{M_{SS,AT}}{SP_d} = \frac{V_{AT} \cdot SS_{AT}}{SP_d} = \frac{V_{AT} \cdot SS_{AT}}{Q_{WS,d} \cdot SS_{WS} + Q_{DW,d} \cdot X_{SS,EST}} \quad [d] \quad (5-11)$$

由于二次沉淀池出水中悬浮物颗粒一般可忽略不计,所以可以假设污泥的产量等于剩余污泥量。

除碳产生的剩余污泥量采用式(5-12)和 Hartwig 系数(见文献[1]中 5.2.8.2)计算:

$$SP_{d,c} = B_{d,BOD}\left(0.75 + 0.6 \times \frac{X_{SS,IAT}}{C_{BOD,IAT}} - \frac{(1-0.2) \times 0.17 \times 0.75 t_{SS} F_T}{1 + 0.17 t_{SS} F_T}\right) \quad [kg/d]$$

$$(5-12)$$

其中内源呼吸温度系数为

$$F_T = 1.072^{(T-15)} \quad (5-13)$$

如果为了提高反硝化效率应定期投加外来碳源，当投加的 COD 浓度 $S_{COD,Ext} \geqslant 10$ mg/L（硝酸盐浓度 $S_{COD,Ext} \geqslant 2$ mg/L）时，式(5-12)可简化取 BOD 日负荷($B_{d,BOD}$)增加 $Q_{DW,d} \times 0.5 \times S_{COD,Ext} \div 1000$，BOD 进水浓度 $C_{BOD,IAT}$ 增加 $0.5 S_{COD,Ext}$，进行式(5-12)和表 5-4 的计算。当外加碳源 $S_{COB,Ext} \leqslant 10$ mg/L，由此额外产生的污泥量忽略不计。

表 5-4 的污泥产量为式(5-12)取 $T = 10℃$ 和 $T = 12℃$ 计算的平均值。

表 5-4 除碳污泥产率系数 $SP_{C,BOD}$[kg SS/kg BOD$_5$]（温度为 10～12℃）

$X_{SS,IAT}/C_{BOD,IAT}$	污泥龄/d					
	4	8	10	15	20	25
0.4	0.79	0.69	0.65	0.59	0.56	0.53
0.6	0.91	0.81	0.77	0.71	0.68	0.65
0.8	1.03	0.93	0.89	0.83	0.80	0.77
1	1.15	1.05	1.01	0.95	0.92	0.89
1.2	1.27	1.17	1.13	1.07	1.04	1.01

除磷产生的污泥量包括生物除磷和同步混凝沉淀污泥。

生物除磷的污泥产量可按每去除 1 g 磷产生 3 g 悬浮固体计算。同步混凝沉淀产生的污泥量取决于混凝剂的种类和投加量，见 5.2.3。应按每投加 1 kg 铁盐产生 2.5 kg 悬浮固体，每投加 1 kg 铝盐产生 4 kg 悬浮固体计算。除磷产生的污泥总量可通过式(5-14)计算：

$$SP_{d,P} = Q_{Dw,d}(3X_{P,BioP} + 6.8X_{P,Prec,Fe} + 5.3X_{P,Prec,Al})/1000 \quad [kg/d]$$

$$(5-14)$$

如果采用石灰作为化学沉淀药剂，投加 1 kg 氢氧化钙($Ca(OH)_2$)产生 1.35 kg 污泥。参见 ATV-A202。

5.2.5 污泥指数和混合液悬浮固体浓度 MLSS 的假设

污泥指数取决于污水的性质和二次沉淀池内的水力流态。如某些工业和企业废水中易生物降解有机物比例高，则可能导致较高的污泥指数。

正确假设污泥指数对设计具有重要意义。如果只是规划扩建二次沉淀池，而不对生物反应池进行工艺技术改造，可以根据关键季节的运行记录或工作日志，以85%包含率值为依据，确定设计污泥指数。但即使必须对生物反应池进行工艺技术改造时,以运行记录结合表5-5的参考值也有助于污泥指数的正确估算。如果发现污泥指数SVI大于180 L/kg的情况,应采取相应措施降低污泥指数。

如果没有可用的有效资料,在设计上建议考虑关键运行条件,采用表5-5中给出的污泥指数参考值。

表5-5 污泥指数参考值

污水处理目标	污泥指数 SVI/(L/kg)	
	有利的工业污水影响因素	不利的工业污水影响因素
无硝化	100～150	120～180
硝化(和反硝化)	100～150	120～180
污泥同步稳定	75～120	100～150

在下列情况下,污泥指数可以相应取较小值:
- 不设初沉池;
- 设前置好/厌氧池;
- 多级串联式生物反应池(推流式)。

设计二次沉淀池需要确定生物反应池内的混合液悬浮固体浓度。可依照图5-1取值,进行生物反应池初步试算。

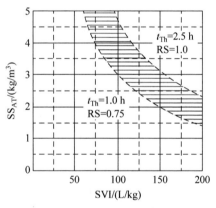

图5-1 生物反应池污泥固体浓度与污泥指数的关系
(回流污泥固体浓度 $SS_{RS} = 0.7 SS_{AT}$)

5.2.6 生物反应池容积

式(5-15)给出了生物反应池中所需的活性污泥固体量:

$$M_{SS,AT} = t_{SS,Dim} \cdot SP_d \quad [kg] \tag{5-15}$$

生物反应池容积根据式(5-16)计算:

$$V_{AT} = \frac{M_{SS,AT}}{SS_{AT}} \quad [m^3] \tag{5-16}$$

作为参照,可以按式(5-17)、式(5-18)计算 BOD$_5$ 容积负荷 B_R 和污泥负荷 B_{SS}:

$$B_R = \frac{B_{d,BOD}}{V_{AT}} \quad [kgBOD_5/(m^3 \cdot d)] \tag{5-17}$$

$$B_{SS} = \frac{B_R}{SS_{AT}} \quad [kgBOD_5/(kg\ SS \cdot d)] \tag{5-18}$$

对于多级串联反硝化工艺,在式(5-15)、式(5-16)和式(5-18)中应采用各级生物反应池内的污泥浓度 $SS_{AT,step}$ 作为 SS_{AT}。其中各级生化生物反应池中的污泥浓度大于最后一级池中污泥浓度($SS_{AT,step} > SS_{EAT}$),见文献[1]中 5.2.5.4。

5.2.7 需要的回流量和周期

对于前置反硝化工艺,可以根据待硝化的氨氮浓度通过式(5-19)、式(5-20)计算需要的回流比(见文献[1]中 5.2.5.4):

$$RC = \frac{S_{NH_4,N}}{S_{NO_3,EST}} - 1 \tag{5-19}$$

$$RC = \frac{Q_{RS}}{Q_{DW,h}} + \frac{Q_{IR}}{Q_{DW,h}} \tag{5-20}$$

通过式(5-19)可得出回流比 RC,通过式(5-20)可计算出内循环量 Q_{IR}。

最大可能的反硝化率采用式(5-21)计算:

$$\eta_D \leqslant 1 - \frac{1}{1+RC} \tag{5-21}$$

对于多级反硝化工艺,反硝化率由最后一级生化池的进水污染负荷比例(x)决定;如果有内循环,还要考虑内循环的影响。参见文献[1]中 5.2.5.4。

$$\eta_D \leqslant 1 - \frac{1}{x(1+RC)} \tag{5-22}$$

对间歇式工艺,硝化和反硝化的整个周期($t_T = t_N + t_D$)可采用式(5-23)估算:

$$t_T = t_R \cdot \frac{S_{NO_3,EST}}{S_{NH_4,N}} \quad [d] 或 [h] \tag{5-23}$$

停留时间 $t_R = V/Q_{DW,h}$ 和周期(t_T)的单位相同。周期不宜小于 2 h。

5.2.8 供氧

污水处理过程的总耗氧量包括除碳(包括内源呼吸)和硝化的耗氧量,减去反硝化过程节省的氧量,参见文献[1]中 5.2.8.3。

除碳需氧量根据式(5-24),用 Hartwig 系数计算,参见文献[1]中 5.2.8.3。计算值见表 5-6。

$$OU_{d,c} = B_{d,BOD} \times \left(0.56 + \frac{0.15 t_{SS} F_T}{1 + 0.17 t_{SS} F_T} \right) \quad [kgO_2/d] \quad (5\text{-}24)$$

表 5-6 单位 BOD 负荷需氧量 $OU_{C,BOD}$ [kg O₂/kg BOD₅]

(适用于进水 $C_{COD,IAT}/C_{BOD,IAT} \leqslant 2.2$)

温度 T/℃	污泥龄/d					
	4	8	10	15	20	25
10	0.85	0.99	1.04	1.13	1.18	1.22
12	0.87	1.02	1.07	1.15	1.21	1.24
15	0.92	1.07	1.12	1.19	1.24	1.27
18	0.96	1.11	1.16	1.23	1.27	1.30
20	0.99	1.14	1.18	1.25	1.29	1.32

投加外来碳源的需氧量没有考虑在内,可假定外加碳源完全依靠硝酸盐被氧化。

式(5-24)中的系数适用于生化池进水 $C_{COD,IAT}/C_{BOD,IAT} \leqslant 2.2$ 的情况。如果检测发现该值实际大于 2.2,那么耗氧量和曝气系统的设计应基于 COD 值进行计算,见附录。

对于硝化过程,考虑到硝化菌的物质交换,可假设每氧化 1 kg 氮的耗氧量为 4.3 kg,参见文献[1]中 5.2.4.1。对于反硝化过程,每 1 kg 反硝化氮可为碳降解提供 2.9 kg 氧。

$$OU_{d,c} = Q_d \times 4.3 \times (S_{NO_3,D} - S_{NO_3,IAT} + S_{NO_3,EST}) \quad [kgO_2/d] \quad (5\text{-}25)$$

$$OU_{d,D} = Q_d \times 2.9 \times S_{NO_3,D}/1000 \quad [kgO_2/d] \quad (5\text{-}26)$$

日峰值流量下的耗氧量采用式(5-27)计算:

$$OU_h = \frac{f_C \cdot (OU_{d,c} - OU_{d,D}) + f_N \cdot OU_{d,N}}{24} \quad [kgO_2/h] \quad (5\text{-}27)$$

其中,f_C 表示除碳冲击负荷系数,即峰值流量下除碳耗氧量与平均耗氧量的比值。由于固体物质的水解,该比值不等同于相应的 BOD₅ 负荷比值,详细计算参见文献[1]中 5.2.8.3。氮冲击负荷系数 f_N 为 2 h 峰值 TKN 氮负荷与 24 h 平均负荷的比值。

由于硝化的峰值耗氧量通常出现在除碳峰值耗氧量之前,峰值耗氧量应根据式(5-27)进行两次计算:第一次取 $f_C = 1$,并代入 f_N 的计算值或假设值;第二次取 $f_N = 1$,f_C 取计算值或假设值。取其中较大的 OU_h 为关键耗氧量。

对于一般的进水情况,f_C 和 f_N 的取值可以参考表 5-7。

表 5-7　好氧速率的峰值系数*

	污泥龄/d					
	4	6	8	10	15	25
f_C	1.3	1.25	1.2	1.2	1.15	1.1
f_N ($B_{d,BOD,1} \leqslant 1200$ kg/d)	—	—	—	2.5	2.0	1.5
f_N ($B_{d,BOD,1} > 6000$ kg/d)			2.0	1.8	1.5	—

* 在没有测量数据的情况下,2 h 峰值与 24 h 平均值的比。

对于连续曝气的池体,需要的供氧量为

$$\alpha OC = \frac{C_S}{C_S - C_X} \cdot OU_h \quad [kg/h] \tag{5-28}$$

对于间歇曝气的池体,需考虑停止曝气的时间,供氧量为

$$\alpha OC = \frac{C_S}{C_S - C_X} \cdot OU_h \cdot \frac{1}{1 - \dfrac{V_D}{V_{AT}}} \quad [kg/h] \tag{5-29}$$

设计曝气装置时,生物反应池曝气区的溶解氧(DO)浓度应采用 $C_X = 2$ mg/L。对于表面曝气的同步反硝化氧化沟工艺,由于水中溶解氧浓度呈现峰谷状波动变化,可按平均浓度 $C_X = 0.5$ mg/L 计算。需要指出的是,在实际操作中可以按照不同的溶解氧浓度运行而不是设计值。

设计要求应对各种关键污染负荷条件下的供氧量进行计算。对于没有年进水负荷曲线资料的污水厂而言,最大需氧量出现在夏季。污水厂在夏季可采用较低的污泥龄和相应较低的污泥浓度运行,在设计时应考虑这一因素。没有监测数据时,设计温度采用 $T = 20℃$ 计算。如果冬季采用较小的反硝化容积,出水硝酸盐浓度较高,还需要对此进行校核。无温度监测数据时,冬季可采用 $T = 10℃$ 计算。

如果污水处理厂在试运行期间,工作日的平均负荷低于设计负荷 30% 以上,需根据上述方法取 $f_N = 1$ 和 $f_C = 1$ 计算确定供氧量,作为曝气系统分级的依据。

设计负荷与试运行期间负荷下的供氧量相差太大时,宜考虑先设计较小的曝气能力,并保留后期扩容的可能。

曝气设施通常按照在清水中的供氧能力提供。氧转移系数 a 既与污水的种类和活性污泥的性质有关,又与曝气系统本身相关。相关说明可参考文献 [1] 中 5.4.2.4。

曝气系统供氧能力的合理分级对于运行的经济性、反硝化的可靠性都非常重要。污水处理厂在一周内的每小时耗氧量的波动幅度超过 7∶1。对于未满负荷运营的污水处理厂,曝气系统的设计供氧能力与实际运行的需氧量相差更大。污水处理的最低需氧量出现在周末,这时污水的氮碳比(N∶BOD₅)通

常是不利的。采用间歇曝气工艺时,开关需频繁启动;采用前置反硝化工艺时,大量溶解氧将通过内循环进入反硝化池。这两种情况都会降低反硝化效率。

5.2.9 碱度

硝化作用和外加金属盐(Fe^{2+}、Fe^{3+}、Al^{3+})进行除磷,都会消耗污水中的碱度(根据 DIN 38409—7 确定碳酸氢根浓度计),由此导致 pH 值降低。

生物反应池进水中的碱度主要来自饮用水的碱度(硬度),以及有机氮和尿素氨化产生的碱度。

硝化反应(考虑反硝化获得的碱度)和化学除磷消耗的碱度以式(5-30)近似计算:

$$S_{ALK,EAT} = S_{ALK,IAT} - [0.07(S_{NH_4,IAT} - S_{NH_4,EST} + S_{NO_3,EST} - S_{NO_3,IAT}) +$$
$$0.06S_{Fe_3} + 0.04S_{Fe_2} + 0.11S_{Al_3} - 0.03X_{P,Prec}] \quad [mmol/L]$$

$$(5-30)$$

式中,碱度的单位为 mmol/L,其余的浓度单位为 mg/L。某些混凝剂中的游离酸和碱应单独考虑。

污水日平均剩余碱度应根据最不利的负荷情况进行计算,通常为深度硝化、反硝化不足,以及最大混凝剂投加量。如果上述情况不同时出现,应对各种负荷情况分别进行分析研究。

出水碱度 $S_{ALK,EAT}$ 不应低于 1.5 mmol/L,当碱度不够时,可以投加中和剂,如石灰乳等。

对于氧利用率较高的深曝气池(≥6 m),即使碱度足够,pH 值也会降至 6.6以下,这是因为微生物生化反应产生的二氧化碳难以从水中吹脱。依据文献[1]中 5.2.11 或文献[4]进行计算,生物反应池氧浓度参考值见表 5-8,如有需要建议进行中和。

表 5-8 根据文献[4]计算的生物反应池中 pH 值与氧利用率、碱度的关系

生化池出水碱度 $S_{ALK,EAT}/(mmol/L)$	不同氧利用率下的生物反应池 pH 值				
	6%	9%	12%	18%	24%
1.0	6.6	6.4	6.3	6.1	6.0
1.5	6.8	6.6	6.5	6.3	6.2
2.0	6.9	6.7	6.6	6.4	6.3
2.5	7.0	6.8	6.7	6.5	6.4
3.0	7.1	6.9	6.8	6.6	6.5

注:氧利用率应依据运行条件确定。

5.3 好氧选择池的设计

对于污水中易降解有机质含量高,以及采用完全混合式生物反应池的情况,应设前置好氧选择池,以降低丝状菌过度生长的风险。好氧选择池尤其适用于强烈混合的回流污泥和污水。缺点是通过好氧选择池降低了 BOD_5 和 COD,可能不利于反硝化。

用于生物除磷的厌氧混合池对于污泥指数的影响类似于好氧选择池。

关于好氧选择池的容积计算,建议取以下容积负荷:

$$B_{R,BOD} = 10 \ kg/(m^3 \cdot d) \quad 或 \quad B_{R,COD} = 20 \ kg/(m^3 \cdot d)$$

供氧量应按每天 $\alpha OC = 4 \ kg/m^3$ 计算。

池体应至少分为两级串联。此外,尤其对于高浓度的食品厂生产废水,相关说明应参考文献[5]和工作报告"生物处理设施的污泥膨胀、浮渣、泡沫原因和解决措施"[6]。

6 二次沉淀池设计

6.1 使用边界条件与出水水质

二次沉淀池设计的基础参数包括:雨季峰值流量 $Q_{ww,h}$(m^3/h)(见第 4 章)、污泥指数 SVI(L/kg)和二次沉淀池进水中的污泥悬浮固体含量 SS(kg/m^3)。除了多级串联反硝化工艺外,生物反应池出水 SS_{EAT} 等于生物反应池内 SS_{AT}。

二次沉淀池的设计需要确定:

- 二次沉淀池的池型和尺寸;
- 允许的污泥存储和浓缩时间;
- 回流污泥量及其调节;
- 刮泥、吸泥设施的种类和运行方式;
- 进、出水的位置和构造形式。

二次沉淀池的设计应满足以下规定:

- 池体长或直径不大于 60 m;
- 污泥指数 SVI:50 L/kg≤SVI≤200 L/kg;
- 污泥体积比 SV≤600 L/m^3;
- 回流污泥量:平流式二次沉淀池 Q_{RS}≤0.75$Q_{ww,h}$,竖流式二次沉淀池

$Q_{RS} \leqslant 1.0 Q_{ww,h}$；

- 二次沉淀池进水中悬浮固体浓度 $SS_{AT} > 1.0 \text{ kg/m}^3$。

如果二次沉淀池之后还有后续的处理工序，可以允许二次沉淀池出水中的悬浮固体浓度稍高，这时可以采用较高的污泥容积负荷和表面负荷。但前提是，后端处理工序能够接收并去除这样高浓度的悬浮固体。

本规范关于表面负荷和最小水深的规定，同样适用于复合池体的二次沉淀池设计。对于采用自动污泥回流的污水处理厂，需要通过结构措施保障足够的污泥回流。

以上规范和设计基于 ATV 手册[2]和 IAWQ 第六号报告[7]。

6.2　污泥指数与允许浓缩时间

污泥指数（参考 5.2.5）与浓缩时间（t_{Th}）决定了二次沉淀池底部污泥的浓度（SS_{BS}）。为了防止污泥解体和磷的释放，以及二次沉淀池发生反硝化导致污泥上浮，应尽量减小沉淀污泥在浓缩和清泥区的停留时间。相反地，污泥层越厚、污泥在污泥层中停留时间越长，污泥浓缩效果就越好。

由于浓缩时间对二次沉淀池的设计有特殊意义，表 6-1 根据污水净化程度列出了建议的浓缩时间。

表 6-1　浓缩时间建议值（基于污水处理工艺）

污水处理类型	浓缩时间/h
无硝化活性污泥法	1.5～2.0
含硝化活性污泥法	1.0～1.5
含反硝化活性污泥法	2.0～(2.5)

以生物反应池彻底完成反硝化为前提，二次沉淀池内污泥浓缩时间可以大于 2 h，并且仅当污泥指数和回流比都较小时才能实现。

排泥系统的设计应满足污泥浓缩时间的要求。

6.3　回流污泥浓度

回流污泥量 Q_{RS} 等于各自排泥系统的排泥量 Q_{SR} 和短流污泥量 Q_{Short} 之和，当采用刮泥机时是指从进水区至排泥斗产生的短流量，当采用吸泥机时是指来自浓缩区上部的短流量。该短流污泥量与排泥量和回流污泥量有关。

二次沉淀池污泥区池底可达到的污泥浓度（排放污泥的平均浓度），与污泥指数 SVI 和浓缩时间有关，可根据式(6-1)进行计算，或参考图 6-1：

$$SS_{BS} = \frac{1000}{SVI} \cdot \sqrt[3]{t_{Th}} \quad [\text{kg/m}^3] \tag{6-1}$$

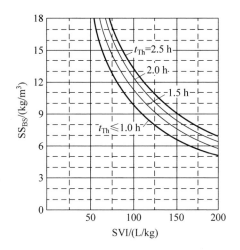

图 6-1　二次沉淀池底部污泥浓度与污泥指数、浓缩时间的关系图

也可以根据活性污泥的沉降曲线得出池底污泥浓度[7]。

考虑污泥短流的稀释作用,回流污泥浓度可以简化假设为:

刮泥机:$SS_{RS} \approx 0.7 SS_{BS}$;

吸泥机:$SS_{RS} \approx (0.5 \sim 0.7) SS_{BS}$。

对于没有排泥系统的竖流式沉淀池,可以简化地假设回流污泥浓度等于池底污泥浓度:$SS_{RS} \approx SS_{BS}$。

6.4　污泥回流比和二次沉淀池进水悬浮固体浓度

生物反应池和二次沉淀池的运行情况受到几个相关联参数的交替影响,包括二次沉淀池进水悬浮固体浓度(MLSS)、回流污泥浓度 SS_{RS} 以及回流比 $RS = Q_{RS}/Q$。忽略二次沉淀池出水的悬浮固体浓度 $X_{SS,EST}$,根据物料平衡可以得出式(6-2):

$$SS_{AT} = \frac{RS \cdot SS_{RS}}{1 + RS} \quad [kg/m^3] \tag{6-2}$$

设计二次沉淀池和生物反应池时,最大回流量不超过 $0.75Q_{ww,h}$。从运营角度考虑,回流泵的输送能力(包括备用)应按照 $1.0Q_{ww,h}$ 设计。应对泵的输送能力进行分级,适应各种不同回流比的运行状况。以上取值只是为了应对极端的运行条件情况的需要,污泥回流量不需连续适应进水变化。

竖流式二次沉淀池最大回流量采用 $1.0Q_{ww,h}$,污泥回流泵的输送能力(包括备用)应按照 $1.5Q_{ww,h}$ 设计。

介于平流式和竖流式之间的二次沉淀池,回流比可参考表 6-2。

表6-2   介于平流式与竖流式之间的二次沉淀池的允许设计值

h/l^*	$\geqslant 0.33$	$\geqslant 0.36$	$\geqslant 0.39$	$\geqslant 0.42$	$\geqslant 0.44$	$\geqslant 0.47$	$\geqslant 0.5$
污泥容积负荷 $q_{SV}/(m^2 \cdot h)^{-1}$	$\leqslant 500$	$\leqslant 525$	$\leqslant 550$	$\leqslant 575$	$\leqslant 600$	$\leqslant 625$	$\leqslant 650$
表面负荷 $q_A/(m/h)$	$\leqslant 1.60$	$\leqslant 1.65$	$\leqslant 1.75$	$\leqslant 1.80$	$\leqslant 1.85$	$\leqslant 1.90$	$\leqslant 2.00$
回流比 RS	$\leqslant 0.75$	$\leqslant 0.80$	$\leqslant 0.85$	$\leqslant 0.90$	$\leqslant 0.90$	$\leqslant 0.95$	$\leqslant 1.00$

* 进水口到水面的垂直距离 h 与到出水口的水平距离 l 的比值,如 $1:2.5=0.4$。

较高的污泥回流比和骤然提高的污泥回流量会由于增大流速而影响沉降过程。同时要避免采用低于 0.5 的回流比,因为这要求回流污泥浓度较高,只有当污泥指数小,且沉淀时间足够长时才能实现。

6.5   二次沉淀池表面负荷和污泥容积负荷

表面负荷 q_A 通过允许污泥容积负荷 q_{SV} 和污泥容积比 SV 计算:

$$q_A = \frac{q_{SV}}{SV} = \frac{q_{SV}}{SS_{EAT} \cdot SVI} \quad [m/h] \qquad (6-3)$$

为了保持二次沉淀池出水悬浮固体浓度低,从而降低出水 COD 和磷的浓度,对平流式沉淀池要求:

$$q_{SV} \leqslant 500(m^2 \cdot h)^{-1} \quad (出水悬浮固体浓度 X_{SS,EST} \leqslant 20 \ mg/L)$$

对于竖流式沉淀池,为了形成整体的污泥絮凝过滤层,或良好的可絮凝活性污泥,要求:

$$q_{SV} \leqslant 650(m^2 \cdot h)^{-1} \quad (出水悬浮固体浓度 X_{SS,EST} \leqslant 20 \ mg/L)$$

建议对污泥容积负荷和池深两个变量进行优化。

如果池体进水口到水面的垂直距离(h_e)与到出水方向池内壁的水平距离(水平分量)之比小于 $1:3$,一般视为平流式二次沉淀池。如果该比值大于 $1:2$,视为竖流式二次沉淀池。对于介于两者之间的二次沉淀池可以采用直线内插法计算污泥容积负荷。建议采用表 6-2 中的值进行设计。

平流式二次沉淀池表面负荷 q_A 不应大于 $1.6 \ m/h$,竖流式二次沉淀池表面负荷不大于 $2.0 \ m/h$。中间过渡区可以采用表 6-2 的数值。

6.6   二次沉淀池表面积

二次沉淀池的表面积计算公式为

$$A_{ST} = Q_{ww,h}/q_A \quad [m^2] \qquad (6-4)$$

一般只在矩形平流式二次沉淀池的进水干扰区有必要增加稳流设施。该干扰区的长度应接近池边处的水深。

竖流式二次沉淀池以进水口到水面之间二分之一高度处的横截面面积作为池体的有效表面积,见图6-4。此法也可用于确定其他池型的表面积。

6.7 二次沉淀池的深度

二次沉淀池的功能分区说明了污泥沉淀的不同过程,见图6-2和图6-3。

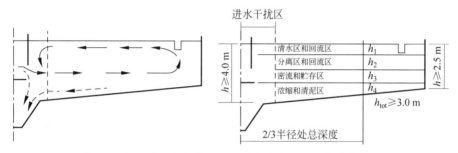

图 6-2 辐流式二次沉淀池的主要水流方向及池体功能分区

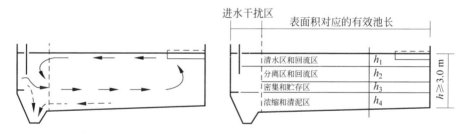

图 6-3 矩形平流式二次沉淀池的主要水流方向及池体功能分区

二次沉淀池在深度方向上由以下功能区组成:

h_1:清水区和回流区;

h_2:分离区和回流区;

h_3:密流和贮存区;

h_4:浓缩和清泥区。

沉淀池功能区的划分表明了在各个区域分别进行哪些进程。实际上各个进程的发生不会在水平方向上完全分隔开,而是相互渗透的。池体进水区和出水区会产生额外的水力扰动,应通过恰当的进出水结构减少扰动。

清水区即安全区,$h_1 \geqslant 0.50$ m。

清水区对风力、流体密度或表面配水不均等不可避免的扰流因素起到缓冲、平衡的作用,通常位于回流区。

如果出水形式采用淹没式出水管,管口距分离区上边界的距离在 30 cm 就足够。为了避免水面的浮渣进入出水管,管口到水面的距离至少为 20 cm。

密流和贮存之上为分离区。在池体进水区部位,分离区与密流和贮存区构成一个整体,泥水混合液从这里流入并分配,进行絮凝过程,促进污泥的沉降。在进水区以外,密流和贮存区之上有一个回流区,此处悬浮物含量低的污水将上升回流到进水区,因此该区域与清水区同样可视作安全区。

分离区和回流区应以进水流量与回流污泥量在该区停留 0.5 h 进行设计,由此得出:

$$h_2 = \frac{0.5q_A(1+RS)}{1 - \dfrac{SV}{1000}} \quad [m] \qquad (6-5)$$

进入密流和贮存区的泥水混合液由于其较大的密度下沉到污泥层,并向池体外缘方向流动,此处是二次沉淀池流速最大的区域。雨季流量 $Q_{ww,h}$ 下,密流和贮存区进一步扩大。当回流比增大时,从生物反应池转移进入二次沉淀池的污泥就贮存于该区域。

密流和贮存的设计,应考虑容纳雨季流量 $Q_{ww,h}$ 下 1.5 h 生物反应池额外流入的污泥量(体积按 $0.3SS_{AT} \times SVI$),其浓度为 500 m^{-3}。在此期间活性污泥下沉到浓缩区,假定活性污泥在二次沉淀池表面 A_{ST} 上均匀分布。

二次沉淀池密流和贮存区的深度按式(6-6)计算:

$$h_3 = \frac{1.5 \times 0.3q_{S_V}(1+RS)}{500} \quad [m] \qquad (6-6)$$

在二次沉淀池底部的浓缩和清泥区,沉淀的活性污泥浓缩形成一个污泥层,并缓慢流向污泥斗。

浓缩和清泥区的容积需要满足使进入二次沉淀池的污泥在一定的浓缩时间 t_{Th} 之内,从进水浓度 SS_{AT} 浓缩达到底泥浓度。假设进入二次沉淀池的污泥均匀分布在整个二次沉淀池表面上,浓缩和清泥区的深度按式(6-7)计算:

$$h_4 = \frac{SS_{AT \cdot q_A} \cdot (1+RS) \cdot t_{Th}}{SS_{BS}} \quad [m] \qquad (6-7)$$

对于带底坡的平流式二次沉淀池,计算有效池深是指水流方向或池体径向 2/3 处的深度。此处水深不宜小于 3 m。对于圆形二次沉淀池,池边处的水深不得小于 2.5 m。

对于斗形竖流二次沉淀池,贮存区、分离区、浓缩区的容积($V_2 \sim V_4$)可按有效表面积(参见 6.6)乘以相应深度($h_2 \sim h_4$)计算,见图 6-4。

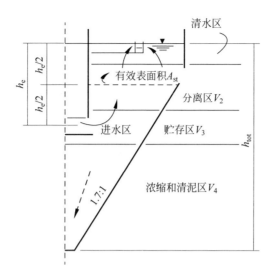

图 6-4 斗形竖流式二次沉淀池的功能分区和深度

6.8 现有二次沉淀池的验证和校核

对于现有的二次沉淀池,或一些条件特殊的地区(比如地下水位高),应根据现有的池深对污泥容积负荷进行调整,或进行生产性试验对设计负荷条件进行验证。

设计二次沉淀池时,污泥容积负荷 q_{sv} 不必强制选择允许的最大值。因此对现有的二次沉淀池进行核算时,应逐步减小污泥容积负荷 q_{sv},迭代计算水深,直到水深达到现有池体的实际深度,然后以该容积负荷 q_{sv} 校核二次沉淀池的表面积。

如果现有的二次沉淀池的池深小于要求的最小值,建议减小最大进水量,以避免池深不足而引起的水力干扰。通常对于现有的二次沉淀池,若水深小于2 m,如果继续使用,在经济和运行上都不合理。

6.9 排泥系统的设计

6.9.1 排泥系统

排泥系统和回流污泥量从根本上决定了活性污泥在二次沉淀池的停留时间。

对于各类二次沉淀池都有不同的排泥系统和污泥回流系统供使用。平流式圆形池体可采用板式刮泥机和吸泥机。平流式矩形二次沉淀池可采用板式刮泥机、吸泥机和链条式刮泥机。对于竖流式和横流式二次沉淀池,如果需要排泥系统,同样可以采用上述设备。

设计排泥系统应确定二次沉淀池的尺寸和固体负荷量。

排泥设备的选型可参考 ATV 工作报告[8]及其修正版[9],以及文献[2]中3.5.4。

排泥设备的设计参数可以参考表6-3。

表 6-3 刮泥机的设计参考值

	缩写	单位	圆形池		矩形池
			板式刮泥机	板式刮泥机	链条式刮泥机
刮板高度	h_{SR}	m	0.4～0.6	0.4～0.9	0.15～0.30
刮泥速度	v_{SR}	m/h	72～144	≤108	36～108
回车速度	v_R	m/h	—	≤324	—
排泥系数*	f_{SR}	—	1.5	≤1.0	≤1.0

* 排泥系数是在一个刮泥周期内,刮泥机收集到的污泥体积的计算值与实际值的比值。

6.9.2 短流污泥量与固体物质平衡

由于排泥量通常小于回流污泥量,排泥过程中会产生一部分短流污泥量,当采用板式刮泥机时,短流污泥产生于进水口和排泥口之间;采用吸泥机时,则在浓缩区之上。该部分污泥量为

$$Q_{Short} = Q_{RS} - Q_{SR} \quad [m^3/h] \quad (6-8)$$

短流污泥量 Q_{Short} 与回流污泥量有关,根据经验值介于 $0.4Q_{RS} \sim 0.8Q_{RS}$ 之间。

由于短流的稀释作用,回流污泥中的悬浮固体浓度小于池底污泥区的污泥浓度,根据物料平衡可得式(6-9):

$$Q_{RS} \times SS_{RS} = Q_{SR} \times SS_{BS} + Q_{Short} \times SS_{AT} \quad [kg/h] \quad (6-9)$$

6.9.3 平流圆形二次沉淀池的排泥

圆形池体的清泥间隔时间等于刮吸泥机一个运行周期的时间:

$$t_{SR} = \frac{\pi \cdot D_{ST}}{v_{SR}} \quad [h] \quad (6-10)$$

圆形池体中板式刮泥机的刮泥量按式(6-11)计算:

$$Q_{SR} = \frac{h_{SR} \cdot a \cdot v_{SR} \cdot D_{ST}}{4 f_{SR}} \quad [m^3/h] \quad (6-11)$$

刮泥机的运行速度按池体边缘的线速度计。式中 a 是刮臂的数量,根据池体直径和刮泥量选择。

对于吸泥机,由于回流污泥是被抽吸的,因此不可能将排泥量和短流污泥量分离。在抽吸时,底部污泥部分被池体周边的清水稀释。

吸泥管(竖管)内的流速宜在 0.6~0.8 m/s,且吸泥管间距不超过 3~4 m。吸泥机的运行速度与刮泥机相同。吸泥能力应能够从中心向外分级调节,以减小额外的水力负荷。

6.9.4 矩形池的刮吸泥机

对于板式刮泥机,采用刮泥车行驶距离 $L_{RW} \approx L_{ST}$,考虑刮板提升和下降的时间 t_S,刮泥周期为

$$t_{SR} = \frac{L_{RW}}{v_{SR}} + \frac{L_{RW}}{v_{ret}} + t_S \quad [h] \tag{6-12}$$

式中,L_{RW} 为刮泥车行驶距离,v_{SR} 为刮泥速度,v_{ret} 为刮泥机回车速度。

假设池壁垂直,矩形沉淀池中刮泥机长度 b_{SR} 约等于池宽 b_{ST},刮板至排泥点的距离 L_{SR} 等于 $15\,h_{SR}$,则刮泥量 Q_{SR} 为

$$Q_{SR} = \frac{h_{SR} \cdot b_{SR} \cdot L_{SR}}{f_{SR} \cdot t_{SR}} \quad [m^3/h] \tag{6-13}$$

矩形二次沉淀池长宜小于 60 m。当池长大于 40 m 时,为了均匀排泥,宜设置前后两排泥斗。

对于板式和链条式刮泥机,排泥系数 $f_{SR} < 1.0$ 说明在刮泥板高度以上的污泥层也被带走。

对于链条式刮泥机,刮臂长 L_{FS} 约等于池长 L_{ST},排泥周期为

$$t_{SR} = \frac{L_B}{v_{SR}} \quad [h] \tag{6-14}$$

链条式刮泥机的排泥体积由式(6-15)计算:

$$Q_{SR} = \frac{v_{SR} \cdot b_{SR} \cdot h_{SR}}{f_{SR}} \quad [m^3/h] \tag{6-15}$$

链条式刮泥机的刮泥板间距宜为刮板高度的 15 倍。

6.9.3 中的参数同样适用于吸泥机,只是吸泥机的运行速度应为 36~72 m/h。吸泥时在二次沉淀池长度方向上将不可避免地产生周期性水力干扰。

6.9.5 固体物质平衡校核

排泥系统的设计应满足根据式(6-9)计算的固体物质平衡条件:

$$Q_{SR} \geqslant \frac{Q_{RS} \cdot SS_{RS} - Q_{Short} \cdot SS_{AT}}{SS_{BS}} \quad [m^3/h] \tag{6-16}$$

式中,SS_{RS} 为 6.3 中计算的回流污泥浓度。

7 规划和运营

7.1 生物反应池

7.1.1 池体构造

对于停留时间(基于总流量)不超过 10 min 的混合池或曝气池,应采取结构措施减少短流。

在均匀布置微孔曝气元件的池内,视为均质的流体有可能部分受阻。池内的短流,以及曝气区周边和底部的旁流会对污水净化能力产生不利影响。搅拌设备也会产生不均匀的流态。在前述情况下,实际的氧利用率会小于设计值。

原则上应采取便于池内设备检修、维护和保养的措施。池底宜设放空管和集水泵坑,便于收集活性污泥。

7.1.2 泡沫和浮泥的收集

当丝状菌出现时,曝气池表面可能形成泡沫和浮泥,同样在反硝化池内,或特定条件下的厌氧混合池也会出现。为减少泡沫浮渣的累积,池中各区的分隔墙应经常淹没于水下。通过在池底设置连通的过水小孔,可以避免在池体进水和放水时分隔墙体某侧的压力过高。出于同样的原因,不宜在生物反应池出水槽前设泥渣挡板。通常溢流的出水会将出水槽内的泡沫打碎。

由于目前尚不能控制丝状菌的出现,应预防性地设计泡沫清除措施,比如设置二次沉淀池配水井,或对生物反应池设置共用的开放式出水渠,并且应在此处设置适宜的抽吸设备。抽吸出的泡沫若不进一步处理,应尽量避免送入硝化池,比如可以送到污泥干化场。

7.1.3 内循环泵的调控

由于内循环的高差很小,很多情况下只能近似估算泵的功率。为了避免循环量过大、使过多氧进入反硝化区,应设置节流阀,或采用变频控制。

7.1.4 非硝化处理构筑物中亚硝酸盐的形成

在一定的条件下(高温、低负荷),在设计为除碳的污水处理构筑物中有时也会发生硝化作用。这时氧的消耗量增加,出水亚硝酸盐的浓度必然会升高。

为了减轻这一消极影响,应增大供氧量,如不可行,可缩短污泥龄(增大剩余污泥排出量)。

7.2　二次沉淀池

7.2.1　概述

本规范仅讨论与设计相关的一些池体结构问题。对其他关于占地、地下情况、施工流程、交通安全等结构规划方面的问题不进行阐述,可参考 ATV 手册[2]的 3.5 和工作报告(文献[10])。

7.2.2　平流式二次沉淀池

池体大小

圆形池直径通常为 30～50 m。大型圆形池采用溢流堰出水时,出水会受风力干扰影响。直径小于 20 m 的圆形池从工艺技术角度应按照竖流式二次沉淀池计算和建造(见 6.5 和 6.7)。

进水口

进水口的构造对二次沉淀池的沉淀效率有重要影响。

进入的泥水混合液应尽可能均匀地分配到进水区,并根据密度在相应的高度上水平进入分离区,以及密流和贮存区。当进水口位置较低时,要注意短流的出现。

在污水进入沉淀区前,尤其当生物反应池很深时,宜尽量创造絮凝和排气的条件。排气可以在进水或配水渠前设置排气区,或在生物反应池末端;此处,应设置浮泥清除设施。控制进水区流速不超过 40 cm/s,进入二次沉淀池前停留 3～5min,可以促进絮凝过程。进入圆形池的理想水平流速分量不宜超过 10 cm/s。对于矩形池,由于水平流速受表面负荷的限制,比圆形池更低,为 0.25～1.33 cm/s。圆形池的中心构筑物和矩形池配水室的容积应按照 $(1+RS)Q_{\mathrm{ww,h}}$ 停留 1 min 设计。

出水口

二次沉淀池中污泥和污水的完全分离应通过有利的出水结构保障。因此内悬式的出水槽要与外池壁保持足够的距离。出水槽相互之间的距离以及出水槽到池壁的距离应大约等于池体边缘的水深。溢流堰的出水负荷应不大于 10 m³/(m·h),双边出水槽不大于 6 m³/(m·h)。如果预计污泥指数大于

$150 \mathrm{~kg}^{-1}$,那么出水负荷还需进一步降低。

出水表面更大时,如采用辐流式设置的淹没式、穿孔出水管[11]或多个出水槽,可以使出水不容易受到干扰。出水设施要考虑水力上和撇渣过程可能造成的水位变化。

如果出水采用溢流堰,为避免浮泥溢出,应在出水槽前 30 cm 处设置淹没深度为 20 cm 的挡板。

泥斗

如果不要求污泥在二次沉淀池泥斗进一步浓缩,采用板式刮泥机时不需设置大的泥斗。泥斗的构型设计,要求不出现任何的污泥沉积。泥斗壁应尽可能光滑,水平倾角至少为 1.7∶1。对于长形池,要注意修圆池底与泥斗衔接的边缘。

7.2.3 竖流式二次沉淀池

竖流式二次沉淀池可以建造成圆形或矩形,通常比平流式二次沉淀池要深。池子中心深度与水面高度处的水平直径之比应尽可能大于 1∶2,以便可以形成污泥絮凝过滤层。

圆形池和斗形池

斗形是竖流式二次沉淀池最常见的构造形式。斗形池使向上的水流均匀分布,促进形成稳定的悬浮絮凝过滤层。锥斗的高度至少应占池体总高度的 75%,斗的坡度宜为 1.7∶1,只有当施工特别精细、池壁表面很光滑时,才能采用不低于 1.4∶1 的更平缓的坡度。大多数情况下,泥斗坡度在浓缩区延伸到排泥点,这样可以不设机械排泥设施。

平底的圆形池体则应设刮泥机,将污泥运送至排泥点。

矩形池

竖流式矩形二次沉淀池大多建成平底的长形池。污水横向流经池体,因此在整个池长方向上的均匀布水至关重要。优先考虑采用吸泥机排泥,吸泥机沿长度方向运动,或者当池长小于 25 m 时,底部建成槽形,采用吸泥管排泥。

进水

竖流式平底矩形和圆形二次沉淀池的进水设施结构,与平流式二次沉淀池相同。

斗形池通过池中心的潜水整流筒进水。其下缘应在浓缩区之上,在贮存区中间为宜。中心整流筒的直径应为池体有效设计平面处直径的 1/6~1/5。

横向流的矩形池进水口应深,并能实现池体均匀布水。

出水

竖流式二次沉淀池的出水构造可以与平流式二次沉淀池相似。

在圆形池和斗形池采用径向式出水渠或出水管,有利于池内流体分布均匀。淹没式的出水管的优势在于不影响表面浮泥清除。对于矩形池,采用表面出水的形式也具有更优的水力作用。矩形池应在长度方向上两边各设出水槽。

7.3 回流污泥

回流污泥的控制和调节对于运营有重要的意义。运营策略的目标包括:
- 确保必要的活性污泥回流量,保持生物反应池中的污泥浓度;
- 形成污泥沉淀、浓缩、清除和二次沉淀池之间的污泥循环;
- 如有需要,可促进二次沉淀池配水均匀和保持絮凝过滤层的形成。

在根据进水量连续或近似连续地动态调节回流污泥量时(回流比 RS 为常数),应使污泥回流比即使在进水流量较小时也保持在一个稳定值,在 $0.75\sim1$ 倍旱季流量 $Q_{\mathrm{DW,h}}$ 之间。在雨季流量下,为了避免过高的水力冲击,增加回流污泥量的调节要延后,并平缓启动设备,例如按照 $1\sim2$ h 进水量的均值平缓调节。

必须明确收集和记录回流污泥量,最好是至少在一个二次沉淀池内进一步标出污泥面的高度。

8 动态模拟

动态模拟是通过考虑系统和工艺流程相关知识,对污水生物处理厂的工艺流程进行动态描述的全新方式。此类模型的应用目前还局限在高校内。近来颁布的《活性污泥模型 1 号》(*Activated Sludge Model No. 1*)[12]及其在电脑端的应用对动态模拟有重要的意义。

动态模拟目前已普遍用于验证静态设计的活性污泥工艺污水处理厂的设计运行条件。在动态模拟中,将对工艺的配置以及检测和调控技术进行调整和优化。

借助简单的一维二次沉淀池模型与活性污泥模型相结合,可以动态表达污泥在生物反应池和二次沉淀池之间的转移过程,这证实了用活性污泥工艺模型可获得更多的信息。借助于水力动态模型(二维或三维),可以对设计的二次沉淀池的功能进行验证,并从流态技术角度对池体结构进行优化。关于不同类型模型的应用领域及边界在 ATV 工作报告中有详细讨论[13]。

借助模拟可以处理什么样的具体工作,关键取决于所采用的基础模型。一个模型只能对其建模的任务内容做出响应。因此对于没有经验的使用者,可能对该模型的处理任务只有非常简单的理解。事实上,通常污水处理厂仅针对一种负荷情况进行设计,导致模拟仅能支撑单个负荷情况的设计。

模拟程序本质上不能通过模型预测设计的不确定性和瓶颈,而是只能通过适当的假设(运行方案、污染负荷、敏感度等)预先对不同的情况进行模拟、评价,并纳入考量,参见工作报告[14]。

因此,这对模拟模型的使用者提出了很高的要求,不仅涉及模型知识,还包括设计负荷的选择和工艺特点的相关知识。

在这些前提条件下,可以采用动态模拟,从安全和经济性角度对活性污泥工艺污水处理厂的设计进行优化。

9 成本和环保效益

相比先前的版本,此版本更多立足于至今发展得到的可靠的设计和运行经验。本规范将此前仅作为假设或估计的一些规定,以明确的方法和影响参数代替,也进行了确证。

借助于本规范,对于一段式活性污泥工艺处理设施的设计,规划者和校验者可得到不同的工作基础。由此他们可以从必要的环保要求的角度,有针对性地提出具有经济性的工艺技术解决方案。因此在设计中必须预先考虑多样性和敏感性分析,以此完善整体设计流程。

本规范没有确定污水排入水体的质量要求,这些在相应法律法规中和在执法机构执法时已做出了明确规定。本规范的主要目标在于确保相应的指标达标,并实现运行的经济性。

10 相关法规和标准

• 《德国污水条例》(AbwV)

Verordnung über Anforderungen an das Einleiten von Abwasser in Gewässer (AbwV). Bundesgesetzblatt 1999, Teil 1, Nr. 6 vom 18. 2. 1999

- **ATV 规范**

ATV-A 122

Grundsätze für Bemessung, Bau und Betrieb von kleinen Kläranlagen mit aerober biologischer Reinigungsstufe für Anschlusswerte zwischen 50 und 500 Einwohnern, Ausgabe 6/91

ATV-A 126

Grundsätze für die Abwasserbehandlung in Kläranlagen nach dem Belebungsverfahren mit gemeinsamer Schlammstabilisierung bei Anschlusswerten zwischen 500 und 5000 Einwohnerwerten, Ausgabe 12/93

ATV-A 128

Richtlinien für die Bemessung und Gestaltung von Regenentlastungsanlagen in Mischwasserkanälen, Ausgabe 4/92

ATV-A 202

Verfahren zur Elimination von Phosphor aus Abwasser, Ausgabe 10/92

ATV-M 209

Messung der Sauerstoffzufuhr von Belüftungseinrichtungen in Belebungsanlagen in Reinwasser und in belebtem Schlamm, Ausgabe 6/96

ATV-M 210

Belebungsanlagen mit Aufstaubetrieb, Ausgabe 9/97

ATV-M 256

Steuern und Regeln der N-Elimination beim Belebungsverfahren, Ausgabe 1997

ATV-M 265

Regelung der Sauerstoffzufuhr beim Belebungsverfahren, Ausgabe 2000

ATV-M 271

Personalbedarf für den Betrieb kommunaler Kläranlagen, Ausgabe 8/98

- **标准**

DIN EN 1085

Abwasserbehandlung—Wörterbuch

DIN 4045

Abwassertechnik—Begriffe

DIN 4261, Teil 2

Kleinkläranlagen—Anlagen mit Abwasserbelüftung—Anwendung, Bemessung, Ausführung und Prüfung

DIN 18202

Toleranzen im Hochbau; Bauwerk

DIN 19558

Überfallwehr mit Tauchwand，getauchte Ablaufrohre in Becken；Baugrundsätze，
　　Hauptmaße，Anwendungsbeispiele

DIN 19569-1

Baugrundsätze für Bauwerke und technische Ausrüstung；Allgemeine Baugrundsätze

DIN 19569-2

Baugrundsätze für Bauwerke und technische Ausrüstung；Besondere Baugrundsätze
　　für Einrichtungen zum Abtrennen und Eindicken von Feststoffen

E DIN EN 12255-1

Kläranlagen；Teil 1：Allgemeine Baugrundsätze

E DIN EN 12255-4

Kläranlagen；Teil 4：Vorklärung

E DIN EN 12255-6

Kläranlagen；Teil 6：Belebungsverfahren

E DIN EN 12255-8

Kläranlagen；Teil 8：Schlammbehandlung und Deponierung

E DIN EN 12255-10

Kläranlagen；Teil 10：Sicherheitstechnische Baugrundsätze

参考文献

[1] ATV(Herausg.)：ATV-Handbuch "Biologische und weiter gehende Abwasserreinigung". 4. Auflage，Berlin：Ernst & Sohn，1997.

[2] ATV(Herausg.)：ATV-Handbuch " Mechanische Abwasserreinigung ". 4. Auflage，Berlin：Ernst & Sohn 1997.

[3] ATV-Arbeitsblatt "Bemessungsgrundlagen für Kläranlagen"(in Vorbereitung).

[4] Nowak，O. ：Nitrifikation im Belebungsverfahren bei maßgebendem Industrieabwassereinfluss. Wiener Mitteilungen Wasser，Abwasser，Gewässer，Band135(1996).

[5] Prendl，L. ：Beitrag zu Verständnis und Anwendung aerober Selektoren für die Blähschlammvermeidung. Wiener Mitteilungen Wasser，Abwasser，Gewässer，Band 139(1997).

[6] ATV-Arbeitsbericht"Blähschlamm，Schwimmschlamm und Schaum in Belebungsanlagen—Ursachen und Bekämpfung". Korrespondenz Abwasser 45(1998)，1959-1968 sowie 2138.

[7] Ekama，G. A. ；Barnard，J. L. ；Günthert，F. W. ；Krebs，P. ；McCorquodale，J. A. ；Parker，D. S. and Wahlberg，E. J.. Secondary Settling Tanks. IAWQ Scientific and Technical Report No. 6，London：IAWQ 1997.

［8］ ATV-Arbeitsbericht "Schlammräumsysteme für Nachklärbecken von Belebungsanlagen". Korrespondenz Abwasser 35(1988),263ff.

［9］ Korrekturen zum Arbeitsbericht［8］. Korrespondenz Abwasser 35(1988),611.

［10］ ATV-Arbeitsberichte " Konstruktive Aspekte der Planung von Nachklärbecken von Belebungsanlagen". Korrespondenz Abwasser 44（1997）, 2061-2064 und 45(1998),549.

［11］ ATV-Arbeitsbericht "Bemessung und Gestaltung getauchter,gelochter Ablaufrohre in Nachklärbecken". Korrespondenz Abwasser, 42（1995）, 1851-1852 und 44（1997）, 322-324.

［12］ Henze,M. ,Grady,C. P. L. Jr. ,Gujer,W. ,Marais,G. v. R. ,Matsuo,T. : Activated Sludge Model No. 1. IAWPRC Scientific and Technical Reports No. 1. London: IAWPRC(1987).

［13］ ATV-Arbeitsbericht "Grundlagen und Einsatzbereich der numerischen Modellierung der Nachklärbecken von Belebungsanlagen". Korrespondenz Abwasser,47(2000).

［14］ ATV-Arbeitsbericht " Simulation von Kläranlagen ". Korrespondenz Abwasser 44(1997),2064-2074.

附录 基于 COD 计算除碳的产泥量和耗氧量

A.1 设计基础

设计需要的生物反应池进水的关键负荷,或浓度和当日进水量:

$C_{COD,IAT}$ 化学需氧量

$S_{COD,IAT}$ $0.45\ \mu m$ 过滤后滤液中的 COD

$X_{COD,IAT}$ 滤渣中的 COD

$X_{SS,IAT}$ 悬浮固体($0.45\ \mu m$ 孔径滤膜过滤)

$X_{inorgSS,IAT}$ 悬浮固体($X_{SS,IAT}$)的灼烧残渣

关键负荷的计算参考第 4 章。

A.2 COD 平衡

生物处理设施的进水 COD 分为溶解态和固态。此处需注意,以下参数都是指进水污水的指标;同样包括 OU、$X_{COD,SP}$ 等,见图 A-1。

$$C_{COD,IAT} = S_{COD,IAT} + X_{COD,IAT} \tag{A-1}$$

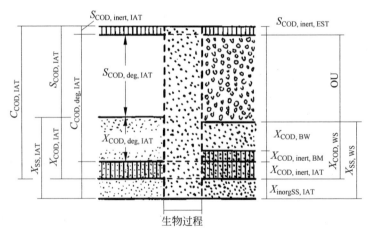

图 A-1 生物处理过程 COD 和悬浮固体的变化原理图

溶解态和固态组分都有可降解和惰性组分:

$$C_{COD,IAT} = S_{COD,deg,IAT} + S_{COD,inert,IAT} + X_{COD,deg,IAT} + X_{COD,inert,IAT} \tag{A-2}$$

进水中溶解性的惰性组分可以近似等于出水中的溶解性惰性组分:

$$S_{\text{COD,inert,IAT}} = S_{\text{COD,inert,EST}} \tag{A-3}$$

溶解性的惰性 COD 为 $0.05 \sim 0.1 C_{\text{COD,IAT}}$。当没有检测值时，对于市政污水建议取 $S_{\text{inert,EST}} = 0.05 C_{\text{COD,IAT}}$ 进行计算。进水中固态 COD 中的惰性组分可同样在总固体 COD 中按比例估算：

$$X_{\text{COD,inert,IAT}} = A \cdot X_{\text{COD,IAT}} = A(C_{\text{COD,IAT}} - S_{\text{COD,IAT}}) \tag{A-4}$$

根据污水种类和在初沉池中的停留时间，A 可以取 $0.2 \sim 0.35$。建议对市政污水取 $A = 0.25$。

可降解 $\text{COD}(C_{\text{COD,deg,IAT}})$ 可以按下式计算：

$$C_{\text{COD,deg,IAT}} = C_{\text{COD,IAT}} - S_{\text{COD,inert,EST}} - X_{\text{COD,inert,IAT}} \tag{A-5}$$

为了提高反硝化效率需要定期外加碳源时，$S_{\text{COD,deg,IAT}}$ 要增加 $S_{\text{COD,Ext}}$（见式(5-8)）。当外加碳源 $S_{\text{COD,Ext}}$ 不超过 10 mg/L，可不考虑。

进水中的可过滤固体 $X_{\text{SS,IAT}}$ 包括有机和无机组分，无机组分皆不计入 $C_{\text{COD,IAT}}$。

$$X_{\text{SS,IAT}} = X_{\text{orgSS,IAT}} + X_{\text{inorgSS,IAT}}$$

或

$$X_{\text{inorgSS,IAT}} = B \cdot X_{\text{SS,IAT}} \tag{A-6}$$

参数 B 可取 $0.2 \sim 0.3$（灼烧减量 $70\% \sim 80\%$）。当检测值缺失时，建议对于原污水取 $B = 0.3$，对初沉之后的污水取 $B = 0.2$ 进行计算。

根据大量检测数据，进水中有机组分的含量为 1.45 gCOD/g orgSS。由此可得

$$X_{\text{COD,IAT}} = C_{\text{COD,IAT}} - S_{\text{COD,IAT}} = X_{\text{SS,IAT}} \times 1.45(1 - B) \tag{A-7}$$

当 $S_{\text{COD,IAT}}$ 未知，可以通过 $X_{\text{SS,IAT}}$ 的检测值以上式估算 $S_{\text{COD,IAT}}$。

污水生物处理的产物包括二次沉淀池出水中的 COD（由溶解态惰性 COD、不可降解溶解态 COD 和悬浮固体颗粒 COD 组成）和以 COD 计量的剩余污泥 $(X_{\text{COD,ws}})$，与原水 COD 的差值等于呼吸过程消耗的氧（OU）。忽略溶解态可降解 COD 中未降解的部分，并将出水中悬浮物作为流失的剩余污泥，得出下式：

$$C_{\text{COD,IAT}} = S_{\text{COD,inert,EST}} + X_{\text{COD,ws}} + \text{OU} \tag{A-8}$$

由于硝化工艺的污泥龄长，可以假定可降解固体颗粒 $X_{\text{COD,deg,IAT}}$ 以及溶解态可降解组分 $S_{\text{COD,deg,IAT}}$ 都完全降解。降解过程导致惰性溶解态 COD 和无机固体的略微上升可以在后续的计算中忽略不计。

A.3　产泥量计算

产生污泥中的 COD 以 $X_{\text{COD,ws}}$ 表示，包含进水中的惰性固体 COD、产生的生物质中的 $\text{COD}(X_{\text{COD,BM}})$ 以及微生物细胞内源呼吸剩余的惰性固体 COD

$(X_{COD,BM,inert})$。

$$X_{COD,WS} = X_{COD,inert,IAT} + X_{COD,BM} + X_{COD,inert,BM} \quad (A-9)$$

污泥的产生与内源呼吸分解之间的关系见下式：

$$X_{COD,BM} = C_{COD,deg,IAT} \cdot Y - X_{COD,BM} \cdot t_{SS} \cdot b \cdot F_T \quad (A-10)$$

$$X_{COD,BM} = C_{COD,deg,IAT} \cdot Y \cdot \frac{1}{1 + b \cdot t_{SS} \cdot F_T} \quad (A-11)$$

$$F_T = 1.072^{(T-15)} \quad (A-12)$$

依据《活性污泥模型 1 号》(Activated Sludge Model No. 1)[12]，假设产污系数 $Y = 0.67$ gCOD/gCOD$_{deg}$，15℃下微生物细胞衰减系数 $b = 0.17$ d^{-1}。

细胞内源呼吸衰减剩余的惰性固体可按分解生物质的 20% 计算：

$$X_{COD,inert,BM} = 0.2 X_{COD,BM} \cdot t_{SS} \cdot b \cdot F_T \quad (A-13)$$

剩余污泥的固体质量以 COD ($X_{COD,WS}$) 计，有 80% 为有机质，按 1.45 gCOD/g orgSS,并考虑进水中的无机可过滤组分,得到：

$$SP_{d,C} = Q_{DW,d}\left(\frac{X_{COD,WS}}{0.8 \times 1.45} + X_{inorgSS,IAT}\right)\Big/1000 \quad [kgSS/d] \quad (A-14)$$

或

$$SP_{d,C} = Q_{DW,d}\left(\frac{X_{COD,WS}}{0.8 \times 1.45} + B \cdot X_{SS,IAT}\right)\Big/1000 \quad [kgSS/d] \quad (A-15)$$

A.4 耗氧量计算

耗氧量计算依照式(A-8),导出以下公式：

$$OU = C_{COD,IAT} - S_{COD,inert,EST} - X_{COD,WS}$$

$$OU_{d,C} = Q_{DW,d}(C_{COD,IAT} - S_{COD,inert,EST} - X_{COD,WS})/1000 \quad [kg/d]$$

$$(A-16)$$

其余的计算依据 5.2.8 进行。